Calvin Lam

Gestão do risco empresarial - Comércio de energia

Calvin Lam

Gestão do risco empresarial - Comércio de energia

Imprint

Any brand names and product names mentioned in this book are subject to trademark, brand or patent protection and are trademarks or registered trademarks of their respective holders. The use of brand names, product names, common names, trade names, product descriptions etc. even without a particular marking in this work is in no way to be construed to mean that such names may be regarded as unrestricted in respect of trademark and brand protection legislation and could thus be used by anyone.

Cover image: www.ingimage.com

This book is a translation from the original published under ISBN 978-3-330-33124-2.

Publisher:
Sciencia Scripts
is a trademark of
Dodo Books Indian Ocean Ltd. and OmniScriptum S.R.L publishing group

120 High Road, East Finchley, London, N2 9ED, United Kingdom
Str. Armeneasca 28/1, office 1, Chisinau MD-2012, Republic of Moldova, Europe
Printed at: see last page
ISBN: 978-620-8-21015-1

Resumo do conteúdo

Agradecimentos

Em primeiro lugar, gostaria de agradecer ao Dr. John Cadle, o meu orientador de tese, que me introduziu na gestão do risco e me ajudou a escrever este trabalho. Gostaria também de agradecer ao Dr. Jim Slater por me ter dado tempo para concluir este trabalho. Gostaria também de agradecer ao pessoal da ACS, em particular a Elaine Chee, cujos esforços incansáveis me ajudaram a preparar e a concluir este trabalho. Por último, gostaria de agradecer aos meus amigos, antigos colegas e diretores da ExxonMobil Supply and Trading. Sem a oportunidade de trabalhar com eles, o meu interesse por este tema nunca teria sido despertado e este trabalho não teria sido possível.

Sinopse

De acordo com a OPEP, o interesse especulativo no comércio de energia tem sido o principal fator de subida dos preços do petróleo acima da marca dos 100 dólares por barril. No entanto, a introdução da gestão do risco no comércio de energia ofuscou o aumento do interesse especulativo. A isto acresce o facto de se dar demasiada importância - com razão ou sem ela - ao risco de mercado e de preço e à sua medição. Não foi dada atenção suficiente a outros riscos empresariais (liquidez da empresa, riscos operacionais, de contraparte e de crédito, FOREX e riscos regulamentares) e à necessidade de uma gestão integrada destes diferentes riscos. Os decisores a todos os níveis devem reconhecer as interdependências e tomar decisões numa perspetiva interfuncional. No entanto, a maioria das empresas tende a gerir estes riscos de forma isolada. O presente estudo adopta uma abordagem integrada da gestão de riscos no sector da energia. Para cada risco empresarial, este estudo tenta analisar em pormenor os riscos específicos, os seus métodos de medição e as ferramentas de gestão do risco, reunindo informações de diferentes publicações sobre gestão do risco e das práticas existentes nas empresas petrolíferas. Esta breve descrição dos riscos fornece a qualquer empresa comercial um bom guia para a gestão dos riscos. Ao propor uma abordagem integrada para a gestão do negócio da energia, o autor pega em ideias da literatura sobre Gestão do Risco Empresarial (ERM) e adapta-as ao negócio da energia. Examina a necessidade de compreensão e apoio da gestão de topo, a avaliação de risco de ponta a ponta e outros factores para a implementação bem sucedida da ERM no comércio de energia. Em última análise, este estudo espera fornecer um ponto de partida para os profissionais de risco que pretendam iniciar a gestão de uma vasta gama de riscos energéticos com a ERM.

Resumo dos resultados

Este estudo mostra que o comércio de energia envolve outros riscos para além do risco de mercado e de preço. Estes incluem o risco de previsão da procura, o risco operacional, o risco de contraparte e de crédito, o risco de mercado e de preço (liquidez do mercado, localização e fundamentos, risco de modelização, risco de lucros e perdas), o risco de liquidez da empresa, o risco cambial e o risco regulamentar (incluindo o risco ambiental). Cada um destes riscos tem de ser medido e gerido à sua maneira. O desafio consiste em geri-los de forma holística e eficaz. Este estudo examina os principais componentes que devem ser considerados para uma gestão de risco bem sucedida no comércio de energia. Para que tal aconteça, a gestão deve compreender a gestão do risco e apoiá-la ativamente. Igualmente importante é uma avaliação exaustiva de todos os riscos a que a atividade de comercialização de energia de uma empresa está exposta. Nesta base, podem ser desenvolvidas estratégias e procedimentos abrangentes de gestão do risco. A organização comercial pode então ser dividida em front-office, middle-office e back-office, cada um com as suas próprias responsabilidades e obrigações. A definição de limiares e o controlo do seu cumprimento são essenciais para garantir a conformidade com a política de gestão de riscos. Além disso, os gestores devem ser regularmente informados através de relatórios precisos que permitam detetar facilmente os problemas. Além disso, o pessoal deve ser formado e equipado com as competências necessárias para apoiar a gestão dos riscos. Por último, mas não menos importante, deve ser implementado um sistema de informação sofisticado para criar a infraestrutura necessária a uma gestão eficaz dos riscos no sector da energia.

1 Introdução

Os preços da energia atingiram um máximo histórico de 110 dólares por barril. Há quem afirme que esta subida meteórica se deve ao facto de os especuladores (bancos, hedge funds e até fundos de pensões) terem saído das acções em busca de maiores lucros. A estes níveis de preços, não só as hipóteses de obter lucros aumentam, como também o risco de grandes perdas. No entanto, a introdução da gestão do risco no comércio de energia está a ocorrer à sombra do aumento do interesse especulativo. A gestão do risco no comércio de energia não se limita à previsão de preços e à gestão da volatilidade que se regista. O comércio de energia envolve uma multiplicidade de riscos em comparação com o comércio de acções, taxas de juro e swaps de crédito. Além disso, poucas pessoas estão familiarizadas com o sector da energia e com a gestão dos riscos financeiros. Grande parte da investigação sobre a gestão dos riscos energéticos está centrada nos Estados Unidos, concentrando-se na eletricidade e no gás natural. No entanto, existe um mercado global muito mais vasto para o comércio físico e financeiro de petróleo bruto, produtos petrolíferos e gases petrolíferos, com diferentes factores de mercado e aplicações em cada caso.

Por muito importante que seja este tema, a matemática utilizada para medir o risco foi suficientemente estudada, embora seja sempre possível encontrar melhores métodos. Por outro lado, há falta de investigação sobre a medição e a gestão dos vários riscos associados ao comércio de energia (riscos de crédito, de produção, regulamentares, ambientais, monetários e operacionais), que vão para além do risco de mercado e de preço. Esta lacuna foi ilustrada de forma eloquente pelos recentes escândalos e perdas maciças que afectaram tanto o comércio financeiro como o comércio de energia. As causas dos acontecimentos recentes, como as perdas de gás natural da Amaranth, a fraude do operador SocGen e os problemas do crédito subprime, não se devem à falta de técnicas de medição, mas sim à aplicação correta das medidas, à falta de controlo do risco e à falta de compreensão fundamental; tudo isto é uma questão de gestão do risco e não de medição.

Por conseguinte, o presente estudo adopta uma abordagem fundamentada da gestão do risco no comércio de energia. Considera a gama de riscos que o comércio de energia enfrenta. Tem igualmente em conta a necessidade de uma gestão integrada dos riscos. Além disso, o estudo considera tanto o comércio físico como o financeiro; a maioria dos estudos actuais centra-se principalmente no comércio financeiro. Esta abordagem reflecte a realidade do sector, uma vez que cada vez mais empresas investem em activos físicos para serem flexíveis e capazes de negociar tanto nos mercados físicos como nos financeiros. No entanto, dadas as limitações deste trabalho, não é possível analisar em pormenor os riscos associados ao comércio. Do mesmo modo, não é possível prescrever a implementação de um modelo de gestão de riscos no âmbito de um quadro de Gestão de Riscos Empresariais (ERM). Em vez disso, o documento fornece uma visão detalhada dos principais riscos do negócio, analisando como cada risco é medido e gerido, e delineando os principais componentes e desafios quando se tenta implementar a ERM no comércio de energia. Em última análise, este estudo espera fornecer um ponto de partida para os profissionais de risco que pretendam iniciar a gestão de uma vasta gama de riscos energéticos com ERM.

A abordagem e a conceção deste estudo são diretas. O objetivo e os parâmetros deste estudo são discutidos neste capítulo. Segue-se uma panorâmica da literatura existente sobre comércio de energia e desenvolvimento sustentável. Neste capítulo, descrevemos também o contributo do presente estudo. De seguida, são discutidos os principais riscos associados ao comércio. Discutimos os riscos em mais pormenor e propomos métodos para os medir, bem como ferramentas de gestão específicas. De seguida, discutimos os principais componentes e desafios da implementação da ERM no comércio de energia. Finalmente, destacamos as limitações deste estudo e propomos direcções para investigação futura.

2 Background

Este capítulo fornece as informações de base necessárias e uma panorâmica do sector do comércio de energia. Discute também o desenvolvimento sustentável no contexto do comércio de energia. Uma panorâmica da cadeia de abastecimento de petróleo é também útil para compreender como é que o petróleo chega do poço à roda e pode ser encontrada no Apêndice 1.

2.1 Comércio de energia

2.1.1 Como a energia é comercializada

O petróleo bruto e os produtos refinados são transaccionados em todo o mundo 24 horas por dia, tanto nos mercados físicos como nos mercados de papel. Nos mercados físicos, o petróleo é transaccionado principalmente para consumo ou revenda. Nos mercados de papel, os derivados de energia são transaccionados para fins especulativos ou de cobertura. Os mercados físico e de papel influenciam-se mutuamente de formas muito complexas. O consumo físico diário de petróleo é de cerca de 84 milhões de barris por dia (MBD) e o volume anual de transacções ultrapassa os 2 000 mil milhões de dólares (BP, 2007). Só nos mercados de futuros conhecidos (NYMEX, IPE), o volume de petróleo transaccionado em papel pode atingir pelo menos 400 MBD, o que corresponde a cerca de cinco vezes o consumo diário mundial. Nos mercados de balcão, o volume pode mesmo exceder o volume transaccionado numa bolsa (Wengler, 2002); o número exato de transacções de balcão é difícil de determinar, uma vez que a maioria das transacções não é comunicada.

Existem vários produtos comerciais importantes no mercado (Burger et al., 2007):

- Transacções à vista: transacções físicas em que os bens são entregues num futuro próximo.
- Contrato de futuros: um acordo entre duas partes para comprar ou vender uma determinada quantidade de petróleo numa determinada data futura (data de entrega) a um preço contratual fixado antecipadamente. O produto pode ou não ser entregue e pode ser objeto de liquidação financeira.

- Contrato de futuros: acordos normalizados negociados em bolsa para a compra ou venda de uma determinada quantidade de uma mercadoria (por exemplo, em lotes de 1 000 barris) numa data futura específica (data de entrega) a um preço fixado antecipadamente. Muitas vezes, existe apenas uma liquidação financeira do valor da mercadoria e não há entrega física.

■ Swap: contrato pelo qual um fluxo de caixa variável derivado de um preço variável baseado num índice de mercadorias publicado é trocado por um fluxo de caixa fixo a um preço de mercadorias fixo.

■ Opção: o titular de uma opção tem o direito, mas não a obrigação, de comprar ou vender uma determinada mercadoria a um preço de exercício pré-determinado.

Os principais produtos de negociação acima referidos podem ser transaccionados quer no mercado OTC quer num mercado de futuros. A utilização dos mercados OTC e de futuros varia de região para região. Na Ásia, o mercado OTC do petróleo existe principalmente porque as transacções de futuros financeiros na Bolsa de Singapura (SIMEX) e na Bolsa de Mercadorias de Tóquio (TOCOM) não tiveram muito êxito e são bastante ilíquidas. Foram substituídas por instrumentos OTC adaptáveis, que podem ser rapidamente ajustados à rápida evolução das condições de mercado (Fusaro e James, 2005). Estas transacções OTC são geralmente efectuadas por telefone ou através das plataformas em linha dos corretores. No entanto, alguns instrumentos OTC também podem ser negociados em bolsas de mercadorias, actuando a bolsa como contraparte central de todas as transacções, eliminando assim o risco de execução. Existem várias bolsas de futuros importantes para os produtos de base relacionados com a energia, mas apenas duas têm um alcance mundial (Burger et al., 2007):

■ A Bolsa Mercantil de Nova Iorque (NYMEX): A NYMEX é a maior bolsa de futuros do mundo. A vasta gama de produtos oferecidos pela NYMEX inclui contratos de futuros e opções sobre energia (eletricidade, produtos petrolíferos, carvão, gás natural) e metais. Os futuros de petróleo bruto leve e doce da NYMEX são a referência de energia mais utilizada a nível mundial.

■ Intercontinental Exchange (ICE): A ICE é utilizada principalmente na Europa. É mais conhecida pela sua Bolsa Internacional do Petróleo (IPE), na qual são negociados contratos de derivados para os principais produtos energéticos: petróleo bruto, produtos petrolíferos, gás natural e eletricidade. O contrato de futuros ICE Brent constitui uma importante referência internacional para os preços do petróleo bruto na Europa.

Não só os preços da energia permanecem elevados durante longos períodos, como também estão a tornar-se cada vez mais voláteis. Esta volatilidade pode dever-se à escassez da oferta, a alterações súbitas da procura ou a um grande número de operadores que negoceiam não só o preço, mas também a volatilidade (Furaso, 2006). A elevada volatilidade dos preços que o sector da energia enfrenta obriga-o a utilizar instrumentos de cobertura de curto prazo, como os contratos de futuros ou a prazo, bem como os swaps de preços e as opções de balcão (tanto de curto como de longo prazo), para gerir o risco de preço. Uma utilização prudente dos instrumentos financeiros - desde os futuros, os contratos a prazo e as opções até aos swaps de preços - pode não só ajudar a gerir o risco de preço, mas também garantir fluxos de caixa, satisfazer necessidades operacionais, financiar projectos promissores e honrar os compromissos dos produtores, transformadores, vendedores e consumidores finais (Kaminski, 2005).

A utilização de marcadores de preços ou índices de referência é uma caraterística única dos mercados de matérias-primas, nomeadamente do mercado petrolífero. Uma vez que o petróleo é, por natureza, uma mercadoria não normalizada com diferentes qualidades e caraterísticas, a indústria selecionou um pequeno número de variedades "de referência" ou "marcadoras" de petróleo bruto e de produtos refinados para criar uma base para a negociação de mercadorias físicas e de papel. As variedades de petróleo bruto, como o WTI e o Brent, são ativamente utilizadas como marcadores de preços. As caraterísticas dos marcadores de preços são bem conhecidas, pelo que qualquer petróleo ou produto refinado semelhante pode ser negociado com um prémio ou desconto em relação ao seu valor de mercado. Em vez de acordarem um preço absoluto para um carregamento de petróleo bruto, o comprador e o vendedor acordam um preço móvel ligado a um marcador de preços, que é normalmente a média de vários dias em torno da data do conhecimento de embarque (quando o navio carrega/descarrega o petróleo). Há, portanto, uma série de diferenças de preços que reflectem diferentes variedades, diferentes localizações e diferentes pontos de entrega. Embora a base física dos marcadores de preços seja pequena em relação à produção total, os mercados petrolíferos abertos tornaram-se um fator importante a curto e médio prazo no mecanismo de formação dos preços do petróleo bruto e dos produtos petrolíferos (Kaminski, 2005).

2.1.2 O que influencia o comércio de energia

Há uma série de factores complexos que influenciam os preços e o comércio do petróleo, e não é possível fornecer uma visão global de todos eles no âmbito do presente estudo. Em vez disso, apresentaremos uma panorâmica desses factores, para que se possam avaliar os acontecimentos susceptíveis de ter impacto no comércio de energia.

O ambiente comercial nos mercados petrolíferos é inerentemente instável. A longo prazo, a geologia, a geopolítica, a economia, o direito, a fiscalidade, as finanças, a tecnologia e as questões ambientais podem, a qualquer momento, influenciar fortemente as mudanças na estrutura do mercado. A utilização de técnicas e tecnologias modernas poderá aumentar a disponibilidade de petróleo a longo prazo e baixar potencialmente os preços, mas esta maior disponibilidade poderá ser compensada pelo crescimento contínuo da economia e, por conseguinte, da procura global. Estes factores fundamentais a longo prazo criam riscos que não podem ser verdadeiramente geridos. Em vez disso, as empresas petrolíferas gerem a relação entre o preço e o tempo. São necessários vários anos e enormes investimentos para extrair petróleo dos campos. São necessárias pelo menos algumas semanas e uma logística impecável (oleodutos, cargas, instalações de armazenamento, refinarias, redes de distribuição) para que o petróleo chegue ao consumidor final. Estes factores logísticos são importantes para o comércio de energia a curto prazo e constituem a base da gestão de risco das empresas petrolíferas. Qualquer perturbação operacional, como um incêndio numa grande instalação de armazenamento, pode fazer subir os preços à vista. Outros factores importantes a curto prazo são a escassez ou o excesso de oferta ou de procura, real ou aparente, devido a flutuações sazonais, à retórica da OPEP, a acontecimentos políticos ou à incerteza nas principais regiões produtoras. Os preços do mercado petrolífero constituem também a base para a gestão dos stocks e das refinarias e, a longo prazo, um fator importante nas decisões de investimento que, por sua vez, influenciam a oferta.

A principal estrutura de preços no mercado petrolífero, que influencia a negociação de petróleo, a estratégia de negociação e as decisões de cobertura, é o mercado de contango ou backwardation. Um contango é uma curva ascendente no mercado de futuros (ou mesmo no mercado OTC). Trata-se de uma situação em que o preço de uma mercadoria para uma entrega futura é superior ao preço atual e o preço numa data de entrega mais distante é superior aos dois anteriores. O retrocesso, por outro lado, refere-se a uma curva a prazo com inclinação descendente no mercado de futuros ou no mercado de balcão. Da mesma forma, o preço de um contrato de futuros ou de entrega num futuro distante é inferior ao preço atual. A estrutura do mercado pode mudar radicalmente entre o backwardation e o contango e tem uma grande influência nas estratégias de cobertura disponíveis para os produtores, comerciantes ou especuladores. Num mercado contango, por exemplo, faz sentido vender contratos de futuros e comprar cargas à vista para armazenamento temporário.

2.1.3 Diferentes actores

Tradicionalmente, o mercado do petróleo tem sido dominado pelas empresas petrolíferas. Com o aumento constante dos preços do petróleo na última década, o ambiente competitivo alterou-se.

Algumas empresas petrolíferas, como a ExxonMobil, são conhecidas por serem muito conservadoras na sua gestão dos derivados de energia. O departamento comercial não é propriamente um departamento de ganhos e perdas, mas sim um complemento dos departamentos de refinação e de marketing: trata do comércio sistémico. O seu principal objetivo é otimizar a cadeia de abastecimento de todo o grupo. Os riscos (gestão logística, garantias contratuais e financeiras) são transferidos do lado da produção para o sector do comércio. Ao mesmo tempo, o Grupo beneficia da arbitragem física entre a Ásia-Pacífico, a Europa e os Estados Unidos. O Grupo Aprovisionamento organiza igualmente a entrega física de petróleo bruto às refinarias e a entrega de produtos petrolíferos às estações de serviço.

Existem também muitos fornecedores terceiros no mercado, como a Cargill e a Vitol. Trata-se de simples comerciantes com algumas instalações físicas (tais como terminais e oleodutos). Este grupo opera apenas com fins lucrativos e pode tomar várias medidas de cobertura e especulativas.

Os bancos tornam-se cada vez mais fornecedores terceiros e as empresas petrolíferas ("refinarias de Wall Street") adquirem a propriedade de activos reais. A recente emergência de bancos comerciais, sociedades financeiras e fundos de retorno absoluto conduziu a um aumento dos preços e da volatilidade do mercado. No entanto, estes novos actores aumentam consideravelmente a liquidez do mercado. Este grupo de actores[1] Este grupo de actores está também cada vez mais apto a estruturar transacções complexas para cobrir todos os tipos de risco.

No entanto, existem diferenças consideráveis entre os mercados financeiros e os mercados petrolíferos, pelo que a gestão do risco no comércio de energia não pode centrar-se apenas nos riscos de mercado. Uma das consequências do rápido crescimento dos mercados de derivados

---

[1] A maior parte das empresas de comércio de petróleo não só adopta uma posição em papel, mas também uma posição física. Até os bancos de investimento compram activos físicos, como refinarias e terminais para processamento e armazenamento de petróleo.

e do aparecimento de novas empresas de comercialização de energia que cobrem uma vasta gama de produtos de base é um aumento considerável dos riscos financeiros enfrentados pelas empresas que operam nestas áreas. Estas novas empresas podem não compreender plenamente os riscos associados ao comércio de petróleo. Em agosto de 2006, por exemplo, o negócio de comercialização de gás de Brian Hunter na Amaranth tinha crescido 2 mil milhões de dólares num ano, mas perdeu 5 mil milhões de dólares num espaço de tempo muito curto. O Sr. Hunter tinha essencialmente apostado no facto de que o inverno seria rigoroso e tinha tomado posições em contratos de gás natural em conformidade. Em vez disso, o inverno acabou por ser ameno e as existências ficaram com excesso de oferta, fazendo com que os preços caíssem a pique. Para agravar esta aposta mal orientada, Hunter recorreu a um capital externo considerável. Este episódio quase conduziu à falência da Amaranth e obrigou a empresa a encontrar novos financiamentos. Vamos agora analisar brevemente as diferenças entre o mercado financeiro e o mercado petrolífero.

2.1.4   Qual é a diferença entre o comércio de energia

O quadro seguinte mostra as diferenças entre o mercado monetário e o mercado da energia.

Edição	Nos mercados monetários	Sobre os mercados da energia
Maturidade do mercado	Várias décadas	Relativamente novo
Factores fundamentais do preço	Pequeno, simples	muito, complicado
O impacto dos ciclos económicos	Elevado	Baixa
Frequência dos eventos	Baixa	Elevado
O impacto da armazenagem dos avisos de entrega; Colheita de conveniência	Não	importante
Correlação entre os preços a curto e a longo prazo	Elevado	Mais abaixo, "dupla personalidade".
Sazonalidade	Não	Chaves do gás natural e da eletricidade
Disposições	Petit	Varia de insignificante a muito elevado
Atividade do mercado ("liquidez")	Elevado	Nizhny
Centralização do mercado	Centralizado	Descentralizado
Complexidade do contrato de derivados	A maioria dos contratos não coloca problemas específicos	A maioria dos contratos é relativamente complexa

Quadro 1 Diferenças entre os mercados da prata e da energia (Pilipovic, 2007)

O comércio de energia só arrancou verdadeiramente após a desregulamentação e a abolição dos preços oficiais, primeiro nos Estados Unidos e depois na Europa, há algumas décadas. O mercado da energia ainda está a desenvolver-se, como o demonstram os mercados de balcão, que são muito pequenos em comparação com o mercado de futuros. Com o seu desenvolvimento, poderão surgir produtos derivados mais normalizados e mais utilizados.

Nos mercados da energia, existem muitos factores de preços que podem dificultar o desenvolvimento de modelos fundamentais e de modelos de formação de preços. Os mercados da energia reagem a factores de preços subjacentes, o que é muito diferente das taxas de juro e dos mercados monetários bem desenvolvidos. No sector da energia, existe uma interação dinâmica permanente entre a produção e o consumo, o transporte e o armazenamento, a compra e a venda e, finalmente, a utilização efectiva do produto. A disponibilidade de instalações de armazenamento, os métodos de transporte, as alterações climáticas e os progressos tecnológicos desempenham um papel importante (o que não é o caso nos mercados monetários). Deste ponto de vista, o mercado da energia é muito diferente dos outros mercados, uma vez que se caracteriza por um grande número de factores fundamentais na formação dos preços, o que conduz a um comportamento extremamente complexo dos preços. Esta complexidade torna extremamente difícil o desenvolvimento de modelos quantitativos que imitem o mercado.

Nos mercados da energia, a frequência e a escala dos acontecimentos traduzem-se numa elevada volatilidade. Como o Sr. Hunter afirmou numa entrevista antes do colapso do seu negócio de gás natural no final de julho de 2006: "Os ciclos no mercado do petróleo podem durar vários anos, enquanto no mercado do gás natural duram apenas alguns meses".

A situação é ainda mais complicada pelo facto de as curvas de preços a prazo estarem apenas imperfeitamente correlacionadas, uma vez que as partes de curto e longo prazo das curvas de preços a prazo da energia são geralmente determinadas por diferentes factores de mercado, que estão geralmente pouco ou nada correlacionados. Isto contrasta com os mercados financeiros, onde os preços actuais e futuros estão ligados. Nos mercados da energia, não é possível determinar os preços da eletricidade a prazo (por exemplo, numa base corrente). Por conseguinte, é incerto assumir uma relação entre os preços a prazo em duas datas próximas e esperar que as variações de preços entre essas datas ocorram de forma previsível (Pilipovic 2007).

A "reversão à média" é outra diferença crucial entre os mercados financeiros e os mercados energéticos. O processo pelo qual um mercado regressa ao seu nível de equilíbrio é conhecido como reversão à média (Pilipovic, 2007, Wengler, 2002). Os mercados de taxas de juro apresentam pouca reversão à média e o estado da economia é um fator fundamental que pode ser facilmente modelado. Os mercados da energia apresentam uma reversão à média mais forte, que parece depender da rapidez com que o lado da oferta do mercado reage aos "acontecimentos" (por exemplo, uma explosão de um oleoduto que leva a uma escassez do produto) ou da rapidez com que esses acontecimentos desaparecem. Tudo isto é muito difícil de modelizar.

2.2 Gestão do risco empresarial

2.2.1 Definição

A ESD pode ser definida da seguinte forma:

A gestão do risco empresarial é um processo de identificação de potenciais eventos que podem ter impacto numa empresa e de gestão dos riscos no âmbito do quadro de apetência pelo risco, a fim de proporcionar uma garantia razoável de que os objectivos e estratégias empresariais serão alcançados (COSO 2004).

No entanto, a ERM não é uma ferramenta ou uma aplicação, mesmo que dependa fortemente da tecnologia. Trata-se, antes, de um processo sistemático implementado pela direção da empresa para abordar os riscos a que a organização está exposta de uma forma abrangente. Este processo compreende uma série de acções que permeiam toda a organização. Além disso, os esforços de ERM são contínuos e proactivos e podem estender-se por vários anos. A ERM é geralmente implementada por uma equipa ERM constituída por pessoal multifuncional que responde diretamente à direção.

De um modo geral, os riscos a ter em conta no ERM são os riscos financeiros (incluindo os riscos de liquidez e de crédito), os riscos operacionais e os riscos de mercado. Este grupo de riscos aplica-se tanto ao sector financeiro como ao sector energético. A ERM tem igualmente em conta o facto de os riscos não actuarem independentemente uns dos outros, mas interagirem frequentemente entre si e produzirem resultados que diferem significativamente da soma dos efeitos dos riscos individuais. Um aspeto importante da ERM é, portanto, o facto de os riscos não serem geridos isoladamente, mas em toda a organização. A gestão de riscos envolve também a identificação dos riscos, a sua avaliação, a sua compreensão, a sua resposta e a sua comunicação às partes internas e externas. Além disso, a abordagem deve ser aplicada de forma coerente em toda a organização, para além das fronteiras geográficas e das entidades jurídicas, a fim de proporcionar uma base sólida para a tomada de decisões.

Não existe uma fórmula única para definir a EDS. A forma como é definida e implementada depende do sector em questão. Para efeitos do presente estudo, aplicaremos o RNB ao sector da energia e, mais especificamente, ao comércio de produtos petrolíferos.

2.2.2 Vantagens da DSE no sector da energia

Acima de tudo, a ERM é um sinal de boa gestão empresarial. A criação de um Chief Risk Officer e de uma função de gestão de riscos no seio da empresa proporciona o enfoque e a coordenação de que a empresa tanto necessita para implementar com êxito os seus programas (Aabo e Simkims, 2005). Uma ERM bem concebida e plenamente operacional dá à direção e ao conselho de administração garantias suficientes de que a empresa está a ter um bom desempenho e a atingir os seus objectivos.

Num sentido mais operacional, a ERM fornece uma visão global dos riscos e interdependências na cadeia de abastecimento de petróleo. Os gestores podem identificar proactivamente os riscos e evitar a sua ocorrência, ou aproveitar novas oportunidades. Por outras palavras, a ERM evita a tomada de decisões abaixo do ideal, como é o caso em empresas comerciais isoladas. Por exemplo, não é raro que um grupo comercial na Europa necessite de gasóleo e outro grupo comercial na Ásia (pertencente à mesma empresa) necessite de gasóleo, e que ambos desconheçam a oferta e a procura do outro grupo e sejam servidos apenas por um terceiro distribuidor que compra ao grupo asiático para abastecer o grupo europeu. Nesta perspetiva, a ERM oferece a possibilidade de ligar diferentes funções comerciais e operacionais onde é mais importante: na gestão de riscos e oportunidades comuns. Em vez de deixar que cada país faça a sua própria cobertura de energia, o ERM permite primeiro que a empresa determine se existem coberturas naturais que equilibrem as posições em diferentes países, após o que a empresa pode agrupar os riscos e otimizar as coberturas para alcançar os resultados desejados ao menor custo. Para além da prevenção de perdas, a ERM pode ajudar a identificar vulnerabilidades e ineficiências, examinando os riscos em toda a cadeia de abastecimento (ver Anexo 1), permitindo que a gestão da empresa os elimine e que a empresa atinja a excelência operacional.

A ERM pode chamar a atenção para outros tipos de risco para além do risco de mercado ou de preço. Existem vários riscos que afectam o comércio de energia em diferentes graus, mas é dada uma atenção excessiva ao risco de mercado. Por vezes, estes outros riscos chegam mesmo a ofuscar o risco de mercado. O recente colapso do SocGen é um exemplo disso mesmo. A principal causa da perda não foi tanto as enormes posições tomadas no mercado de futuros de índices, mas sim a incapacidade dos sistemas de gestão do risco para detetar entradas fraudulentas na carteira de negociação e a falta de supervisão da gestão - risco humano ou sistémico (Macdonald e Abboub, 2008). Se for corretamente concebida, a ERM pode evitar não só as perdas de mercado, mas também a propagação da fraude. Os diferentes tipos de risco também não são independentes uns dos outros e não podem ser geridos de forma fragmentada. Foi o que disse John Thain, o atual CEO da Merrill Lynch, numa entrevista sobre a confusão do subprime na Merrill Lynch,

"Havia pelo menos dois grandes problemas. O primeiro era o facto de a gestão do risco de crédito estar separada da gestão do risco de mercado, o que não faz sentido, porque os dois são interdependentes. Combinamos o risco de mercado e o risco de crédito..... A Merrill tinha um comité de risco. Simplesmente não funcionava. Agora, quando temos uma reunião semanal, os responsáveis pelo rendimento misto e pelas acções vêm a essa reunião. Eu entro, os gestores de risco entram. Funciona em todos os departamentos. (Craig e Smith, 2008)

No comércio de energia, o risco de crédito está também estreitamente ligado ao risco de mercado e a outros riscos comerciais. Uma subida acentuada dos preços tem impacto não só no risco de mercado e no risco de preço, mas também no risco de crédito (capacidade de efetuar chamadas de margem, adequação das garantias bancárias previamente estabelecidas) e, eventualmente, no risco operacional (falta de mercadorias, atrasos da contraparte). O facto de estes riscos estarem interligados complica a gestão dos riscos e exige o desenvolvimento de uma plataforma ERM.

A ERM é a expressão de uma boa gestão empresarial. Ao fornecer relatórios de risco atempados e relevantes à administração e ao conselho de administração, aumenta a transparência em toda a empresa. A nível interno, pode fornecer aos gestores relatórios precisos e abrangentes que lhes permitem avaliar rapidamente o perfil de risco da empresa e tomar medidas corretivas. A ERM pode também ajudar a melhorar o processo de orçamentação e planeamento e permitir que as empresas desenvolvam actividades estratégicas. Para as partes interessadas exteriores à empresa, como as autoridades de supervisão, os analistas da bolsa, as agências de notação e os parceiros comerciais, a boa governação empresarial resultante da ERM aumenta a confiança na empresa. Os benefícios decorrentes desta confiança traduzem-se num prémio de reputação na avaliação de uma empresa. A Standard and Poor's tem um programa chamado PIM (Políticas, Infra-estruturas, Metodologia) para avaliar as empresas de energia dos EUA (S&P, 2006). De acordo com esta abordagem, um ERM melhora a solvabilidade e permite a uma empresa aumentar o seu rácio dívida/capital próprio sem aumentar a probabilidade de problemas financeiros. O resultado pode ser um aumento da capitalização de mercado e uma redução significativa do custo de capital após impostos.

3 Análise dos riscos, medidas de risco e instrumentos de gestão do risco no comércio de energia

Neste capítulo, analisamos os diferentes tipos de risco a que uma empresa comercial está exposta, bem como alguns dos instrumentos de cobertura ou de gestão de risco. Embora não seja possível efetuar uma análise exaustiva e aprofundada no âmbito deste estudo, é importante ter uma visão geral para compreender os diferentes desafios colocados pelos vários grupos de risco na implementação do SD para o comércio de energia.

De um modo geral, todos os riscos empresariais podem ser resumidos no diagrama seguinte.

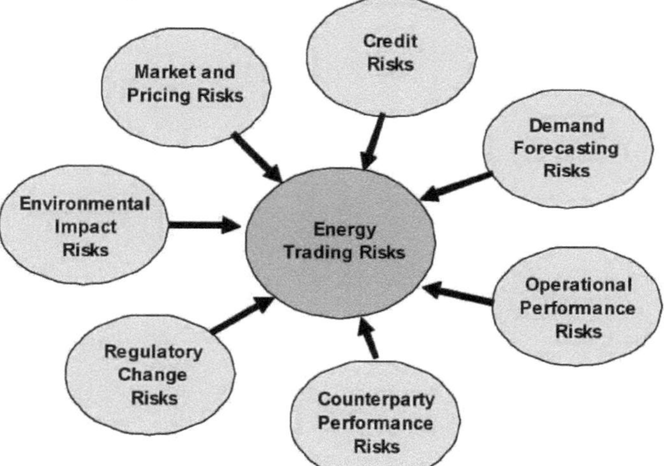

Figura 1 Riscos do comércio de energia

Os diferentes actores do mercado petrolífero enfrentam alguns ou todos estes riscos. Por exemplo, uma empresa puramente comercial que não tem intenção de manter existências ou de entregar a matéria-prima, mas que se limita a negociar contratos de futuros numa bolsa pela diferença de valor dos títulos e a liquidar as suas contas antes da data de entrega. Provavelmente, apenas enfrenta riscos de mercado, de preço, de crédito e de liquidez, e não riscos operacionais e ambientais. Uma empresa petrolífera integrada que recorre a derivados de energia para gerir o risco enfrenta todos os riscos.

Os riscos de mercado e de preço são os que atraem mais atenção e constituem a principal preocupação das empresas de comercialização de energia; desde a desregulamentação, o risco de preço tornou-se um perigo importante. No entanto, os recentes acontecimentos no mercado hipotecário de alto risco (subprime) e os preços do gás natural de amaranto mostraram que o risco de crédito pode ser um perigo tão grande como o risco de preço. A maioria das empresas do sector da energia esforça-se por medir e gerir os riscos de mercado e de preço, a fim de minimizar as perdas resultantes de acontecimentos operacionais e de crédito. No entanto, para os gerir eficazmente, é necessário identificá-los, medi-los e monitorizá-los juntamente com os riscos de mercado e de preço. É necessária uma abordagem ERM para os gerir eficazmente.

Um inquérito recente realizado pela revista Energy Risk e pela Logical Information Machines (LIM) revelou as questões e preocupações com que se deparam os profissionais de gestão do risco no sector da energia (Energy Risk, 2006). O inquérito revelou que a maioria dos quadros superiores das empresas do sector da energia dá prioridade à gestão do risco. Os riscos de mercado e de preço foram citados como o risco mais comum por 89% dos inquiridos. Seguiu-se o risco de crédito, com 79%, contra 62% no último inquérito realizado há um ano. O risco operacional foi citado por cerca de 60% dos inquiridos. Mais de 30% classificaram o risco climático e cerca de 25% o risco de reputação. Outros riscos incluem os riscos ambientais, nacionais, de projeto e contratuais, bem como os riscos de volume, de liquidez do mercado e de fluxo de caixa. Num inquérito sobre os riscos que a maioria gostaria de medir mas ainda não mediu, o risco operacional encabeçou a lista, seguido do risco de crédito, do risco de catástrofe e do risco político.

Os parágrafos seguintes descrevem sucintamente todos os riscos enfrentados por uma empresa de trading de petróleo, bem como as medidas que podem ser utilizadas para os avaliar e algumas técnicas de gestão de riscos.

Categoria de risco	Risco específico	Medida
Previsões da procura	- Excesso/subestimação - Isto não é verdade	- Objectivos versus resultados reais
Actividades operacionais	- Fuga de óleo - Interrupções de fornecimento - Não temos mais nada em stock - Contaminação do produto - Desmantelamento - Disponibilidade de barcos - Reputação - Informação insuficiente sobre as existências	-indicador de exposição - Indicadores de fiabilidade - Número de insucessos no passado
Actividades das contrapartes	- Relativamente às operações - Execução do contrato - Elevadores não extensíveis - Registos de segurança e ambientais	- Número de insucessos no passado - Auditorias específicas sobre questões de segurança e ambiente - Indicadores de fiabilidade

Risco de crédito	- Exposição da empresa - Não cumprimento das obrigações de pagamento	- Notação de crédito S&P, Moody's - Pontuações de crédito internas - Comportamento de pagamento - Crédito VAR
Risco de mercado e de preço	- Iliquidez do mercado - Falta de transparência	- Margem entre a oferta e a procura - Volume de transacções
	- Local (controlo de preços/quotas)	
	- Modelação (pressupostos, viabilidade)	- Receitas e custos flutuantes, VAR, gregos - Convergência dos mercados
	- Lista de preços (correlação, volatilidade)	- Grego (delta, gamma, vega) - Preços das opções - Curvas de maturidade
	-Lucros e perdas (perdas no pior dos casos, lucros)	- VAR - Cenários hipotéticos? - Ensaios de resistência
Risco de liquidez da empresa	- O crédito é escasso - Alterações súbitas de preços - Requisitos de margem	- Rácio dívida/capital próprio - Fluxo de caixa ameaçado - Linhas de crédito
Risco FOREX	- Flutuações cambiais	- Medidas de volatilidade para FOREX - Dados de risco por país da Global Insights
Risco de alterações do quadro regulamentar (incluindo o impacto ambiental)	- Alteração das normas ambientais - Fiscalidade - Regras contabilísticas aplicáveis aos instrumentos financeiros derivados	

Quadro 2 Diferentes riscos empresariais e respectivas medidas

Categoria de risco	Instrumentos de gestão do risco
Previsões da procura	- Controlos multifuncionais - Síntese dos indicadores de previsão - Modelos econométricos
Actividades operacionais	- Boa gestão das operações e da manutenção - Informações claras sobre as existências - Condições comerciais para a transferência de riscos para um terceiro - As condições de negociação devem reflectir a imprevisibilidade - Ferramentas de planeamento avançadas (AspenTech)
Actividades das contrapartes	- Procedimento de qualificação da contraparte - Cláusulas contratuais de salvaguarda (indemnização por perdas)
e risco de crédito	- Linha de crédito ou linha de crédito - Pagamento de um adiantamento - Garantias de crédito (garantias bancárias) - Acordos sobre margens - Considerações - Execução através de uma bolsa
Risco de mercado e de preço - Falta de liquidez/transparência do mercado	- Decisão de aceitação/recusa do contrato - Pressupostos de mercado - Fontes de informação independentes

- Local (controlo de preços/quotas)	- Decisão de aceitação/recusa do contrato
- Modelação (pressupostos, viabilidade)	- Compreensão e aprovação dos modelos pela direção - Controlo contínuo dos valores-limite - Verificação multifuncional dos pressupostos e do modelo - Utilização coerente dos modelos - Revisão regular dos modelos
- Lista de preços (correlação, volatilidade)	- Controlo contínuo dos valores-limite - Contratos de cobertura - Cláusulas de preço flutuante no contrato - Curvas de maturidade
-Lucros e perdas (perdas no pior dos casos, lucros)	- Marcação contínua no mercado - Acompanhamento contínuo da conformidade das receitas e despesas correntes com os objectivos
Risco de liquidez da empresa	- Estratégia clara de financiamento e de liquidez comercial
Risco FOREX	- Swaps de divisas
Risco de alterações do quadro regulamentar (incluindo o impacto ambiental)	- Decisões de gestão relativas à entrada/não entrada no mercado - Alerta precoce

Quadro 3 Métodos de gestão dos riscos

3.1 Risco de previsão da procura

Para fazer chegar petróleo suficiente ao mercado final (consumidores, companhias aéreas, companhias de navegação), uma companhia petrolífera integrada precisa de conhecer a procura final em cada país onde opera, de modo a poder comprar a quantidade certa de petróleo através do comércio, refiná-lo nas refinarias e entregar a quantidade certa nos vários centros de procura. Para evitar a manutenção de grandes stocks em cada fase intermédia, o que implica um elevado investimento de capital (quando o preço do petróleo é de 100 dólares por barril) e custos de armazenamento, a empresa precisa de movimentar a quantidade certa de petróleo ao longo da cadeia de abastecimento. Do mesmo modo, os negociantes de petróleo precisam de prever a procura para fornecerem petróleo ou produtos petrolíferos suficientes aos clientes ou para tomarem decisões oportunistas.

Estimar a procura futura pode ser uma tarefa difícil num mercado competitivo, apesar de a procura de petróleo ser geralmente relativamente inelástica (embora a procura de alguns produtos refinados seja mais elástica). Sobrestimar ou subestimar a procura pode custar a uma empresa comercial compras ou vendas dispendiosas de última hora a outras partes, o que pode anular quaisquer benefícios da transação. Para os comerciantes e as empresas financeiras que assumiram posições especulativas sobre o futuro com base em estimativas da procura, uma previsão incorrecta pode potencialmente arruinar toda a empresa, como demonstraram as apostas erradas da Amaranth nos mercados do gás natural. Nalgumas empresas menos integradas, as previsões da procura baseiam-se mais nos planos anuais de negócios do que na realidade.

Para gerir este risco, as empresas precisam de ter em conta os factores fundamentais que influenciam a procura de petróleo por parte do consumidor final. O comércio de energia não pode ser efectuado no vazio, sem ter em conta os factores fundamentais que influenciam a oferta e a procura de petróleo e, por conseguinte, o seu preço. Dependendo da escala das actividades comerciais das empresas no mercado petrolífero, é, portanto, efectuado algum tipo de planeamento ou previsão da procura. A maioria das empresas limita-se a utilizar dados históricos para estimar a procura. Algumas vão mais longe e tentam incorporar os dados históricos da procura em modelos econométricos básicos de oferta e procura, que estimam o impacto das flutuações da oferta e da procura nos preços (Labys, 1999). Além disso, existem várias técnicas matemáticas para distinguir tendências de mercado, ciclos de mercado e outras caraterísticas fundamentais de flutuações puramente aleatórias. Sejam quais forem os modelos e as previsões utilizados, é importante dispor de uma equipa multifuncional equilibrada (operadores, analistas, comerciantes, transformadores) para efetuar a análise. A análise deve também ser aplicada com um certo grau de tolerância no planeamento e na execução.

3.2 Risco operacional

O risco operacional no comércio de energia é muito diferente do risco de mercado e do risco de crédito e não pode ser tratado da mesma forma. Uma análise correta exige analistas com uma formação mais logística do que quantitativa. O risco operacional está ligado à logística, aos processos e à estratégia e pode ser descrito como o risco de perda resultante de processos internos, pessoas e sistemas inadequados ou falhados, bem como de eventos externos.

A logística no sector do petróleo pode ser muito mais variada e complexa do que a de um banco. O planeamento das entregas ou das recepções de petróleo exige a coordenação de muitas partes num curto espaço de tempo. Existe sempre o risco de o petróleo se perder durante o transporte, o que implica uma perda de dinheiro, bem como problemas ambientais e infracções à legislação ambiental rigorosa. Os riscos surgem principalmente quando uma empresa não cumpre as suas obrigações: derrame de petróleo, interrupção da produção/entrega, falta de stocks, falta de navios, tempo de inatividade, contaminação do produto ou simplesmente erro humano.

Ao contrário do comércio financeiro, o comércio físico de energia envolve riscos ambientais sob a forma de derrames de petróleo e contaminação de produtos. O derrame de petróleo mais conhecido até à data é o do Exxon Valdez, em que 53 milhões de galões de petróleo bruto foram derramados nas águas do Alasca durante um carregamento de petróleo bruto. Este facto levou a ExxonMobil a gastar mais de 3 mil milhões de dólares em litígios e limpeza (Wikipedia).

As perturbações da produção/abastecimento ocorrem quando as refinarias não são fiáveis, quando as existências e a sua localização não são claras ou quando o armazenamento nos terminais petrolíferos é insuficiente, o que afecta o fornecimento de petróleo e pode levar a avarias nas estações de serviço ou nos terminais petrolíferos. Nestes casos, as operações comerciais não podem prosseguir, mesmo que os navios de transporte tenham chegado ao porto. Se o petróleo não for entregue a tempo, os navios fretados podem ser sujeitos a taxas de escala (ou a penalizações por excederem o tempo de porto), o que custa mais à sociedade comercial, mesmo antes de a mercadoria ser entregue.

Nos últimos anos, a procura crescente de petróleo, o aumento do volume de petróleo transaccionado e o reforço das normas ambientais aplicáveis à navegação conduziram a uma escassez de navios adequados. A construção de petroleiros é morosa e não tem acompanhado o ritmo da procura. Para piorar a situação, os acordos comerciais são frequentemente concluídos antes de se encontrarem petroleiros. Sem um petroleiro, pode perder-se uma arbitragem de petróleo atractiva, o que resulta em oportunidades perdidas, multas e danos para a reputação.

Os problemas operacionais podem também conduzir a uma menor qualidade do produto. Por outro lado, uma má triagem ou análise química pode resultar num produto de qualidade superior à esperada no momento da transação, o que a indústria designa por "defeito de qualidade" e que se traduz numa oportunidade perdida de obter um prémio mais elevado. Por último, o erro humano devido à falta de formação ou de informação pode também conduzir a erros de planeamento que podem comprometer a entrega atempada dos produtos transformados.

Muitos riscos operacionais são praticamente impossíveis de medir. Mesmo que possam ser medidos, é provável que os indicadores sejam tardios ou de utilidade limitada. Um desses indicadores, que pode ser útil, é a exposição aos riscos operacionais com base no grau de preparação operacional de uma empresa de comércio de petróleo. Este indicador pode ser medido em função da dimensão da empresa, da "integração" dos seus processos (do downstream ao upstream) e do acesso às instalações petrolíferas (navios, terminais petrolíferos, refinarias). É evidente que uma pequena empresa comercial com recursos limitados terá uma pontuação muito baixa e terá de pagar um prémio elevado pela sua atividade. Por outro lado, uma empresa como a ExxonMobil terá uma pontuação elevada.

Embora muitas empresas tenham quantificado os riscos de mercado, como o risco do preço da energia e o risco cambial, poucas quantificaram os riscos operacionais no sector da energia.

A Statoil avaliou o impacto económico de vários acidentes graves, como explosões ou derrames de petróleo, tendo em conta não só os danos materiais, mas também os custos ambientais, como os custos de limpeza e de indemnização. Além disso, a empresa avaliou as perdas associadas às interrupções da atividade e aos danos para a reputação.

A maior parte dos riscos operacionais pode ser gerida através de uma governação eficaz e de procedimentos e sistemas adequados. Uma forma de reduzir a responsabilidade da empresa comercial é o facto de um comerciante de petróleo comprar petróleo numa base CFR (freight inclusive price). Neste caso, a propriedade dos bens só passa para o comprador quando estes chegam ao porto de destino. Do mesmo modo, um comerciante de petróleo pode vender petróleo em condições FOB (free on board), sendo a propriedade transferida para o comprador quando o petróleo chega ao navio através do distribuidor (ou do oleoduto). Ao utilizar estas condições, o comerciante de petróleo protege-se contra potenciais riscos ambientais e outros durante o trânsito e transfere o risco para a contraparte. Para que o fornecimento de produtos petrolíferos possa ser racionado, a componente de produção ou de entrega deve ser fiável. Tal exige uma manutenção regular das instalações de refinação e investimentos regulares. A fim de maximizar a utilização da valiosa capacidade de armazenamento e obter flexibilidade comercial, é necessário ter uma boa visão geral das existências em todos os reservatórios de petróleo, terminais e navios. Isto pode ser conseguido através de sistemas de planeamento de recursos empresariais que monitorizam os níveis de existências em tempo real. O planeamento também pode ser melhorado utilizando software de otimização como o AspenTech. A melhoria da qualidade exige a utilização de métodos analíticos (análise química) e de avaliação adequados. O sistema de gestão de moléculas da ExxonMobil é um exemplo rentável deste facto. O mesmo risco associado às alterações de qualidade pode também ser gerido de um ponto de vista contratual. Podem ser incluídas no contrato cláusulas de aumento de preços para ter em conta as variações de qualidade. No fim de contas, bons sistemas de informação são úteis, mas pessoal qualificado e uma boa gestão operacional são ainda mais importantes.

3.3 Operações de contraparte e risco de crédito

O risco de contraparte no comércio de petróleo vai para além do risco de crédito. Inclui o não cumprimento dos requisitos contratuais em matéria de pontualidade na entrega/operação, o não cumprimento das normas de segurança e ambientais relevantes e as transacções com partes rejeitadas (indivíduos ou empresas com ligações a países com os quais a legislação dos EUA proíbe qualquer forma de relação comercial recíproca). A redução do desempenho da contraparte e do risco de crédito é uma questão importante na gestão do risco. Os riscos de mercado podem ser facilmente reduzidos através do encerramento de uma posição aberta ou da cobertura de riscos, mas a redução do desempenho da contraparte e do risco de crédito não é tão simples. Para uma gestão eficaz do risco neste domínio, a maior parte das medidas de redução do risco devem ser tomadas antes da celebração dos contratos.

3.3.1 Risco de desempenho

Tal como acontece com o risco operacional, enfrentamos uma série de riscos de contraparte semelhantes. Uma contraparte pode não ser fiável ou atempada nas suas actividades operacionais. Por exemplo, a contraparte pode atrasar-se constantemente na entrega ou na receção de produtos, o que pode causar problemas operacionais do seu lado (lembre-se de que a refinação de petróleo é um processo e que a produção de petróleo não pode ser simplesmente interrompida ou abandonada). Do mesmo modo, os contratos a prazo, em que as entregas são mensais, apresentam o risco de receção e/ou entrega irregulares. Por exemplo, um comprador com uma compra irregular pode descarregar demasiado petróleo no início do mês, quando os preços estão baixos, e não o suficiente no final do mês, quando os preços estão altos, ou pode descarregar quando os preços estão baixos. Este padrão afecta os lucros e as perdas associados a esse cliente. Por último, o contratante pode ter um mau historial em termos de segurança e ambiente, aumentando o risco de incidentes de segurança e ambientais quando transporta ou entrega produtos nas instalações da empresa.

Tal como acontece com o risco operacional, alguns riscos de desempenho da contraparte são difíceis de medir, a menos que se baseie na experiência passada. Isto constitui um problema para os novos parceiros de negócio, se não for possível medir ou avaliar o desempenho da contraparte nesta área antes de se começar a trabalhar com ela. No que diz respeito à segurança e ao ambiente, podem ser efectuadas avaliações específicas com a contraparte antes de começar a trabalhar com ela. Uma tal avaliação da segurança e do ambiente dá uma ideia do risco que a contraparte representa.

No âmbito da gestão do risco de desempenho, as contrapartes podem ser qualificadas com base em vários indicadores financeiros, de aptidão operacional, de segurança e ambientais. Antes de uma contraparte poder ser aceite como parceiro comercial, tem de ser aprovada internamente. Esta abordagem funciona melhor para as grandes empresas comerciais. Do mesmo modo, é possível incluir nos contratos cláusulas de salvaguarda que prevejam indemnizações em caso de negligência da contraparte em caso de incidentes de segurança e ambientais, sanções em caso de incumprimento de alguns ou de todos os requisitos contratuais, etc. O único problema é que as cláusulas contratuais podem ser tão unilaterais que as contrapartes não aceitam os seus termos, especialmente se o parceiro de negócios for tão grande e poderoso como o seu.

3.3.2 Risco de crédito

No entanto, é o risco de crédito que recebe mais atenção. O risco de crédito é definido como o incumprimento de requisitos contratuais associados à promessa de entrega ou pagamento de bens e serviços dentro do prazo acordado.

Existem muitas formas de medir o risco de crédito. Mais frequentemente, a qualidade do crédito é medida através de uma notação ou avaliação de crédito. Empresas como a S&P e a Moody's desenvolvem notações de crédito para descrever a qualidade das obrigações das empresas. A qualidade é representada por símbolos bem conhecidos, como AAA e BB+. Por outro lado, as pontuações de crédito específicas da empresa são desenvolvidas pelo departamento financeiro com base em informações como as notações de crédito e outros conhecimentos do sector. No entanto, pode argumentar-se que a probabilidade de incumprimento é maior para uma obrigação de empresa do que para uma transação de mercadorias. Em termos de pontuação, também pode ser difícil reproduzir uma transação física do ponto de vista financeiro, devido ao acesso físico, por exemplo, armazenamento ou transporte, ou a requisitos muito rigorosos de fiabilidade e volume de entrega.

As transacções de energia com uma componente física são uma parte importante do processo de produção de um consumidor ou produtor final. Uma contraparte, mesmo em caso de falência, tentará geralmente fazer cumprir os contratos de energia. Outra complexidade dos mercados físicos da energia é o facto de haver muitos tons de cinzento quando se trata de não cumprir as obrigações, em vez de simplesmente se recusar a pagar. As partes contrárias podem entregar-se à "frustração contratual": discutir a legalidade dos contratos, queixar-se da qualidade ou da pontualidade das entregas, etc.

Outra forma de medir o risco de crédito é utilizar o VaR ou Value at Risk, que fornece uma estimativa da probabilidade de uma transação não ser rentável. O VaR de crédito pode ser definido de forma semelhante ao VaR para o risco de mercado. Para um dado nível de confiança a e um período de detenção correspondente à duração dos contratos, o VaR de crédito é o quantil (1 - a) da perda devida ao incumprimento (Burger, et al, 2007). No entanto, o cálculo do VaR de crédito resultante do incumprimento da contraparte é complexo e exige técnicas de modelização de Monte Carlo. A dificuldade reside no facto de os eventos de crédito serem raros e altamente enviesados. A assimetria desta distribuição é extrema - ver o quadro seguinte.

Figura 5 Risco de crédito de uma empresa com notação A com um perfil de risco altamente assimétrico

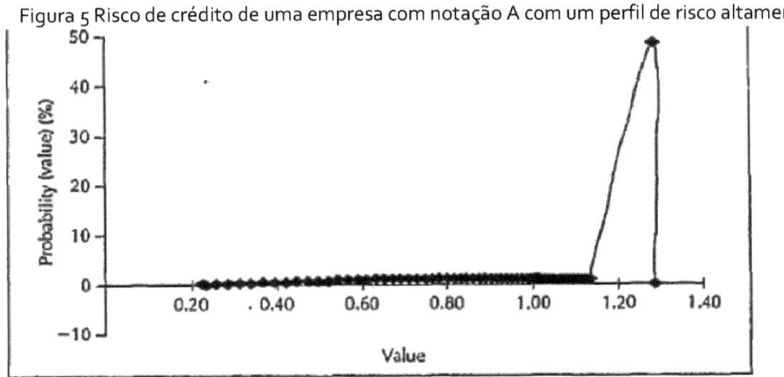

Quadro 4 Risco de crédito oblíquo (Kaminski 2005, p. 415)

As empresas comerciais podem também estabelecer um limite ou linha de crédito para cada contraparte com base na sua solvabilidade ou notação. Esta linha de crédito pode ser calculada de modo a incluir o valor dos créditos petrolíferos da contraparte, mas tal não é obrigatório. O limite de crédito deve então ser claramente definido nos procedimentos de negociação e integrado nos sistemas para garantir o seu respeito em tempo real. Para serem ainda mais prudentes, os grandes negociantes podem exigir que a contraparte pague antes da entrega, através de garantias bancárias, cartas de crédito, apólices de seguro ou simplesmente pagando antecipadamente.

Eis algumas outras formas de limitar o risco de crédito (Burger et al, 2007):

- Acordos de margem ao abrigo dos quais ambas as partes estabelecem um limite de crédito e, se os riscos de crédito excederem esse limite, são efectuados valores de cobertura adicionais diretamente pela parte ascendente a expensas da parte descendente. Para este efeito, o valor dos derivados e das posições em causa deve ser marcado a preços de mercado num intervalo acordado, o que exclui os produtos ilíquidos do procedimento de margem.

- Bolsas de futuros de mercadorias físicas. Algumas bolsas aceitam transacções no mercado de balcão na posição de um contrato de futuros normal, mediante o pagamento de uma comissão de bolsa. A utilização de bolsas permite reduzir o risco de crédito diretamente através da margem. As desvantagens são as comissões, as alterações nos fluxos de caixa e, eventualmente, o impacto na contabilidade.

- contrabando. É igualmente importante notar que o risco de crédito está associado ao risco de mercado. Por exemplo, se A comprar um contrato de futuros a B e o preço desse contrato de futuros subir. O risco de crédito também aumenta se não existirem outros acordos, como uma contraparte (uma transação semelhante, mas oposta, entre A e B), para que A possa utilizar uma alavanca contra B. Neste caso, o risco de crédito depende apenas do preço de mercado.

Como se pode ver, a avaliação do risco de mercado está intimamente ligada à avaliação do risco de crédito. No caso dos contratos de energia, o montante que se pode perder em caso de incumprimento da contraparte varia, em muitos casos, em função do nível dos preços de mercado e da volatilidade.

3.4 Risco de mercado e de preço

Os riscos de mercado e de preço atraem a atenção da maioria dos especialistas em gestão de riscos. Alguns riscos específicos são enumerados na secção "Riscos de mercado e de preço".

3.4.1 Risco de liquidez do mercado

A liquidez do mercado é um problema real no mercado do petróleo, especialmente quando existem tantos tipos diferentes de petróleo. Um mercado sem liquidez tem um impacto na formação dos preços e nas oportunidades de cobertura. Trata-se de um fator crucial a ter em conta nos mercados da energia, não só no momento em que a transação é concluída, mas também ao longo de toda a sua duração. A falta de liquidez significa que os participantes no mercado que desejem liquidar as suas posições podem sofrer perdas consideráveis se o fizerem rápida ou lentamente durante um longo período. A liquidez é também um parâmetro importante para avaliar o período de detenção em rácios como o VaR (que será discutido em mais pormenor adiante) e é importante para testes de resistência ou análise de cenários.

Nos mercados físicos do petróleo, os preços podem ser fixados da forma tradicional: por chamadas telefónicas. Um operador telefona a vários operadores ou corretores para chegar a um consenso no mercado. Trata-se de um caso clássico de determinação dos preços de mercado, em que o operador estima o diferencial entre a oferta e o preço, que é um indicador comum da liquidez do mercado (quanto maior o diferencial, maior a iliquidez). Nos mercados electrónicos, os diferenciais entre a oferta e o preço e os dados relativos ao volume são mais transparentes e estão mais facilmente disponíveis. O diferencial compra/venda é uma medida adequada de liquidez, uma vez que representa o ajustamento do mercado ao risco associado à detenção de uma posição (Kaminski, 2005). Se um operador puder reequilibrar totalmente uma posição num prazo muito curto, o prémio de risco associado à tomada de uma posição é quase nulo e o diferencial compra/venda é muito pequeno. No entanto, quando ocorrem eventos, mesmo os mercados mais bem protegidos são ilíquidos, e esses eventos podem acontecer com mais frequência do que se pensa. Outras caraterísticas da falta de liquidez do mercado são os elevados custos de transação, o baixo volume de transacções no mercado e um pequeno número de operadores em qualquer momento. Alguns mercados de energia têm alguma liquidez. O mercado do petróleo bruto (WTI, Brent e Dubai) é provavelmente o mais líquido, enquanto o mercado dos produtos é mais fragmentado: alguns combustíveis (gasóleo de aquecimento, gasóleo) são mais líquidos do que outros.

Outro fator que contribui para a liquidez do mercado é a transparência da informação. Nos mercados de balcão de energia (à vista, a prazo, físico ou em papel), é difícil obter informações exactas, uma vez que o número total de transacções concluídas, os volumes totais, etc., não são bem conhecidos. As transacções são muitas vezes privadas e negociadas numa base confidencial, podendo ser concluídas rapidamente ou estender-se por várias semanas ou meses. Além disso, nada impede que os operadores exagerem ou divulguem informações falsas sobre as transacções. Talvez só as grandes companhias petrolíferas com escritórios de venda e de comercialização em diferentes regiões ou países disponham de boas informações privilegiadas.

A falta de transparência prejudica a eficiência do mercado e cria oportunidades de arbitragem reais ou aparentes. Esta ineficiência levou ao aparecimento de agências de comunicação social, como a Platts e a Argus, que fornecem relatórios supostamente independentes sobre a atividade comercial. Estas agências de comunicação obtêm as suas notícias contactando os operadores para confirmarem as informações.

3.4.2 Risco do sítio

Os operadores devem estar cientes de que os mercados de petróleo em todo o mundo são heterogéneos e estão sujeitos a diferentes regras e condições de preços regionais ou locais. Na região da Ásia-Pacífico, por exemplo, muitos países estão sujeitos a controlos de preços diretos ou indirectos ou a quotas de importação/exportação, e estas regras podem mudar de tempos a tempos. Pode ser possível reproduzir estas restrições nos sistemas comerciais, criando um sistema de monitorização em tempo real para garantir que os novos acordos comerciais não perturbam o delicado equilíbrio. Mais importante ainda, a empresa precisa de ter conhecimento destas alterações com antecedência suficiente para as poder antecipar.

3.4.3 Risco do modelo

Com o aumento da capacidade informática e dos conhecimentos especializados no domínio financeiro, os modelos financeiros tornaram-se um requisito normal na bolsa de valores. O objetivo da modelização é reduzir o risco através de cálculos de cobertura adequados, cenários de ganhos e perdas e análise de pressupostos. No entanto, nos últimos anos, a utilização inadequada ou imprudente da modelação conduziu a perdas maciças no mercado. O risco de modelização pode ser descrito como o risco de os modelos utilizados para avaliar e medir o risco produzirem resultados menos exactos ou menos relevantes do que os inicialmente previstos (Wengler, 2002).

O principal risco na utilização de modelos é o de pressupostos incorrectos ou demasiado simplificados. Pressupostos incorrectos podem levar a uma cobertura insuficiente, o que distorce a posição de mercado e até aumenta o risco. Uma incoerência frequente reside nos pressupostos utilizados para a determinação do preço dos produtos derivados e para a avaliação do seu risco. Por exemplo, os sistemas da Amaranth utilizavam principalmente dados históricos para determinar o preço e avaliar os VAR, mas a realidade do mercado da energia é que os mercados do gás natural se tornaram mais voláteis nos últimos anos. Além disso, os modelos não previam até que ponto a venda de uma ação para sair de uma posição poderia fazer com que os preços caíssem ainda mais (WSJ, 2005). A utilização destes modelos pela Amaranth criou fundamentalmente uma confiança errada nas estratégias de negociação da empresa. Do mesmo modo, os modelos e as curvas de futuros são muitas vezes criados por "quants" e depois utilizados por operadores que, na maioria dos casos, não questionam os dados e os pressupostos dos modelos. A maioria dos modelos baseia-se em pressupostos altamente questionáveis sobre o comportamento do mercado e a dinâmica das carteiras. Por exemplo, a medição do risco de mercado no comércio de energia deve refletir os picos de preços e as caraterísticas de inversão da média nos mercados energéticos (Pilipovic, 2007). No entanto, os retornos "normais" ou "lognormais", bem como a volatilidade e as correlações baseadas em dados históricos, continuam a ser frequentemente utilizados na fixação de preços de derivados e na modelização do risco. Os mercados da energia são particularmente erráticos e voláteis e podem não ter precedentes históricos. Além disso, as distribuições de rendibilidade nos mercados energéticos têm "caudas gordas", o que significa que a probabilidade de resultados extremos é maior do que o esperado (Pilipovic, 2007).

Para maximizar a utilização dos modelos, é necessária uma abordagem coerente e prudente da sua aplicação na avaliação e análise das carteiras. Os modelos, métodos e avaliações devem ser revistos regularmente para garantir que os resultados continuam a ser relevantes. Por exemplo, ao analisar as perdas comerciais com derivados da China Aviation Oil Holdings no valor de 550 milhões de dólares, verificou-se que as opções não eram regularmente marcadas a preços de mercado.[2] As opções não eram regularmente marcadas a mercado e eram avaliadas durante vários meses pelo seu "valor intrínseco" (valores arbitrários) (S&P, 2006). Por último, a criação e a validação de modelos requerem uma equipa multidisciplinar. Um analista quantitativo nunca deve ser deixado sozinho com as suas hipóteses aquando da construção de curvas de preços a prazo. Outros especialistas, como os traders e os gestores de risco, devem ser envolvidos para garantir que as hipóteses teóricas e práticas correspondem às realidades do mercado e aos objectivos de risco da empresa.

---

[2] O valor contabilístico avaliado pelo valor de mercado (MTM) foi determinado de forma a que a avaliação corresponda a todas as informações de mercado disponíveis e razoáveis no momento da avaliação. Desta forma, procura-se determinar um valor de mercado efetivo, por oposição à "opinião" ou estimativa de valor de um operador. Este valor é expresso como um "valor atual". Idealmente, as empresas deveriam colocar os seus livros no mercado no final de cada dia de negociação. (Pilipovic, 2007)

3.4.4 Risco de preço

O risco de preço pode ser descrito como o impacto das variações dos preços de mercado sobre o valor dos contratos da carteira. Mais especificamente, refere-se ao comportamento da volatilidade e da correlação dos preços de mercado. Quanto maior for a volatilidade, maior é o risco e mais incerto é o resultado. A volatilidade em si não é nem má nem boa, dependendo do tipo de comerciante de energia que se é. Uma menor volatilidade pode ser positiva para os consumidores finais de energia, uma vez que o custo do consumo de energia é estável e, espera-se, baixo. Uma maior volatilidade é boa para os subscritores de opções especulativas, uma vez que uma maior volatilidade conduz a preços mais elevados das opções. De qualquer forma, a medição da volatilidade tornou-se um complemento padrão do VAR no comércio de energia e é geralmente medida por "gregos"; delta, gamma e vega são os mais utilizados (Kaminski, 2005).

O delta é uma aproximação da forma como o valor da carteira reage a pequenas alterações nas mercadorias subjacentes. Gamma mede a sensibilidade do delta a uma alteração no dólar da mercadoria subjacente. Vega mede a exposição linear da carteira a alterações na volatilidade implícita da mercadoria subjacente. De todos os gregos (os outros são Rho e Theta), Delta e Gamma são os que devem merecer mais atenção, uma vez que são mais fáceis de compreender para um gestor e podem ser expressos em termos contratuais.

Uma forma prática de limitar o risco de preço em relação ao mercado é aplicar uma abordagem de diversificação. O preço de uma mercadoria pode ser fixado em relação a mercadorias concorrentes. Por exemplo, é acordado um preço de base com uma cláusula de derrapagem de preços que determina o valor futuro do contrato com base num cabaz de mercadorias concorrentes ou complementares; por exemplo, a fórmula do preço está ligada aos preços do gasóleo, do combustível para aviação, da nafta, etc. Deve existir uma relação lógica entre o produto final e os dados da fórmula. A diversificação permite reduzir os riscos de volatilidade e de correlação.

Pode também ser utilizada para estimar alterações de preços num futuro próximo e é um fator chave na fixação de preços de derivados, na gestão de riscos, no processo de planeamento e na previsão financeira. Apesar da simplicidade do conceito, a construção de uma curva de preços a prazo representa um dos desafios mais fundamentais para qualquer operação de comercialização de energia. Uma curva de preços a prazo é uma série de preços a prazo que estão atualmente contratados ou cotados em mercados de balcão para a entrega de um ativo numa data futura. Nos casos em que o número de cotações de mercado é limitado, é utilizado um modelo de extrapolação ou extensão da curva a prazo. No entanto, os preços a prazo continuam ligados ao comportamento dos preços à vista, porque os preços a prazo são simplesmente preços à vista ajustados para riscos e custos em datas futuras, e não algo divino.

3.4.5 Risco de ganhos e perdas

As flutuações de preços e os outros riscos já mencionados influenciam os rendimentos da carteira. As perdas no pior dos casos podem ser estimadas através do método do valor em risco (VaR). Como se pode ver no gráfico abaixo, o VaR é a perda correspondente a um determinado quantil da variação do valor de uma determinada carteira durante um determinado período de detenção dentro de um intervalo de confiança (Burger, 2007).

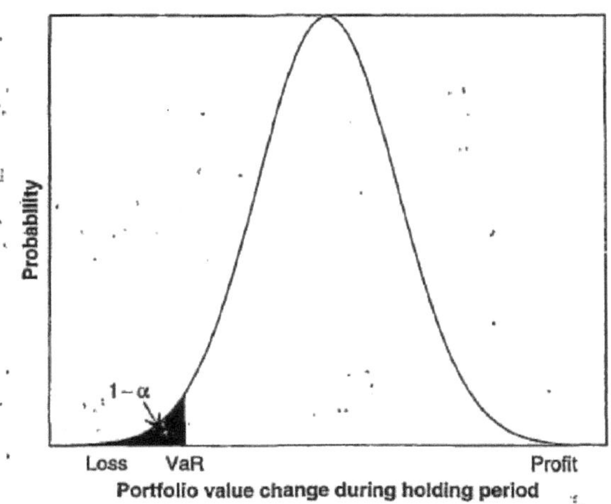

O VaR é muito popular devido à sua aparente simplicidade, mas esse pode ser também o seu principal inconveniente, uma vez que os gestores acreditam que o VaR, por si só, é suficiente para a gestão do risco. O resultado da análise do VaR acaba por informar a direção sobre o risco global de uma empresa em termos de risco de mercado. Dois parâmetros fundamentais para o cálculo do VaR são a duração do período de detenção, que pode ser visto como um compromisso entre o custo do acompanhamento frequente das posições e os benefícios da deteção precoce de problemas potenciais, e o nível de confiança, que descreve o grau de aversão ao risco da empresa.

Existem três abordagens para calcular o VaR (Wengler, 2002): Delta-Normal, modelação histórica e Monte Carlo. Como o próprio nome sugere, o método delta-normal assume que os retornos de todos os activos são normalmente distribuídos, uma vez que os retornos da carteira são uma combinação linear dos retornos das várias componentes. Consequentemente, o risco é gerado pela combinação de factores e pela previsão da sua matriz de variância-covariância. No entanto, a desvantagem deste método é o facto de não ter suficientemente em conta o risco de acontecimento, que é essencial para os mercados da energia (acontecimentos como interrupções maciças do fornecimento podem levar a ganhos ou perdas significativos). A utilização de modelos históricos é mais simples, mas consome mais tempo. Este método requer informações históricas (por exemplo, dos últimos 300 dias) para as curvas a prazo, os rendimentos diários do mercado, os preços reais e a volatilidade. Como se baseia em dados reais, permite distribuições não lineares e tem em conta os riscos Gama, Vega e de correlação. A desvantagem reside no facto de pressupor que os acontecimentos passados recentes são suficientemente representativos dos acontecimentos futuros. Por último, o método de Monte Carlo estruturado gera trajectórias de preços aleatórias utilizando simulações informáticas para aproximar o comportamento dos preços da energia. Este é o mais poderoso dos três métodos de cálculo do VaR mencionados. Pode potencialmente ter em conta uma vasta gama de riscos (preço, volatilidade, crédito, etc.). Se o tempo e os recursos o permitirem, os três métodos podem ser aplicados em conjunto e os resultados comparados, de modo a que até a forma mais insidiosa de risco - o risco de modelo - possa ser tida em conta.

Para além de medir o pior cenário possível, o âmbito do VaR alargou-se. Pode ser utilizado como um instrumento de medição do desempenho, para avaliar os lucros dos operadores e a eficácia dos modelos de mercado. O mercado da energia é muito diversificado, desde o mercado do petróleo bruto até aos diferentes segmentos do mercado dos produtos refinados (combustíveis sulfurados, gás liquefeito, parafina, etc.). Cada segmento pode produzir valores de lucro muito diferentes, simplesmente devido à volatilidade subjacente dos segmentos de mercado e não devido a diferenças na capacidade de negociação. Como o VaR representa os piores cenários para cada segmento, também reflecte o nível de capital necessário para suportar o risco de mercado e de crédito dos diferentes segmentos. Por conseguinte, pode ser útil dividir os lucros de negociação pelo VaR da carteira de que derivam. A abordagem VaR fornece assim uma base normalizada para comparar mercados com diferentes caraterísticas de risco. Do ponto de vista do controlo, os limites VaR podem também ser utilizados para determinar a tolerância ao risco e os limites para as diferentes unidades de negociação (combustível com alto teor de enxofre, GPL, parafina, etc.) e para os controlar através de sistemas de negociação (S&P, 2006).

O VaR não deve ser a única medida do risco de mercado e de preço. Na sua abordagem PIM para avaliar a gestão do risco nas empresas de energia dos EUA, a S&P considera que o VaR tem limitações e gostaria que as empresas de energia complementassem o VaR com outras ferramentas de medição, a fim de obter uma compreensão mais completa do risco de mercado (S&P, 2006). Além disso, o backtesting com um a três anos de dados (ver Comité de Basileia de Supervisão Bancária, 1996, 2003) e o stress testing com diferentes cenários são importantes para monitorizar a eficácia do modelo VaR.

3.5 Risco de liquidez da empresa

Há um ditado que diz que "o mercado pode manter-se irracional durante mais tempo do que tu podes manter-te solvente". Isto aplica-se à capacidade das empresas do sector da energia para resistirem à crise do crédito e às alterações drásticas dos preços no mercado. Embora as perdas da Amaranth possam ser atribuídas a erros de modelização, à falta de coragem de um operador que ultrapassou os seus limites e a estratégias mal concebidas, o colapso da Amaranth deveu-se ao facto de a empresa estar mal capitalizada e tão dependente de empréstimos que não conseguiu absorver as perdas sofridas. A negociação de mercadorias exige uma margem inferior à de outros mercados monetários. O risco é ainda aumentado pelas linhas de crédito generosas dos bancos (antes da explosão do subprime). Os fundos de cobertura que negoceiam mercadorias podem, por conseguinte, atingir rapidamente uma alavancagem significativa. Fundos como o Amaranth têm sido capazes de pedir emprestado três a oito vezes o seu capital inicial para apostar mil vezes mais (WSJ, 2005).

Como já foi referido, o VaR tem sido utilizado para calcular o montante de capital necessário para os piores cenários, mas muitos (S&P, Committee of Chief Risk Officers) argumentaram que os modelos de risco tradicionais, como o VaR, não reflectem adequadamente o risco de liquidez. Blanco (2003) propôs um quadro de adequação dos fundos próprios baseado numa modelização dinâmica que capta explicitamente o risco de liquidez para estimar os fluxos de tesouraria em risco (CFaR) e a liquidez em risco (LaR), utilizando possivelmente a teoria dos valores extremos e outras abordagens não gaussianas para modelizar o risco de cauda e para utilizar as perdas esperadas de cauda ou outras medidas de risco acordadas.

Para gerir este risco, é essencial ter uma estratégia de financiamento comercial e de risco de liquidez claramente definida, incluindo recomendações sobre o risco de alavancagem e de concentração, bem como um plano de contingência para ultrapassar condições de mercado extremas.

3.6 Risco FOREX

Na maioria das bolsas de mercadorias e mercados OTC em todo o mundo, o petróleo é transaccionado em dólares americanos, mas o petróleo é consumido localmente e pago na moeda local. Consequentemente, a maioria das empresas de comercialização, em especial as sediadas fora dos EUA e/ou que lidam com consumidores finais noutros países que não os EUA, estão expostas ao risco cambial. Muitos utilizadores finais europeus pagam os seus fornecimentos de energia em euros e podem, por conseguinte, ser muito sensíveis à falta de correlação entre as moedas e entre os mercados cambiais e petrolíferos. É também de salientar que o comportamento do mercado é frequentemente determinado pelo preço local do petróleo. Por outras palavras, mesmo que os preços do petróleo se mantenham estáveis, uma variação desfavorável das taxas de câmbio pode levar a uma variação semelhante na procura de petróleo.

Para as empresas comerciais que têm grandes clientes finais ou que reportam os seus lucros em moedas diferentes do dólar americano, pode ser útil incluir as flutuações das taxas de câmbio no cálculo da relação custo-eficácia das transacções comerciais. Para cobrir este risco, as empresas podem celebrar um acordo tradicional de swap de divisas com diferentes bancos internacionais. No entanto, se as moedas estiverem altamente correlacionadas, uma empresa comercial pode assumir o risco e deixar a posição sem cobertura, poupando o custo da cobertura.

3.7 Risco de alterações do quadro regulamentar (incluindo normas ambientais)

Embora o comércio de energia não tenha sido regulamentado nos EUA durante algum tempo, o sector continua a ser fortemente influenciado por regulamentos existentes e novos sobre derivados financeiros, normas ambientais, impostos, sanções, quotas/subsídios, etc. Os problemas mais comuns enfrentados pelas empresas comerciais são os controlos ambientais, os impostos e os regulamentos sobre derivados financeiros; o impacto varia de país para país. As questões mais comuns com que se deparam as empresas comerciais são os controlos ambientais, os impostos e a regulamentação dos derivados financeiros; o impacto varia de país para país.

A utilização de produtos petrolíferos sempre foi uma fonte de poluição atmosférica e de problemas ambientais. Nos últimos anos, a Europa, os Estados Unidos e um número crescente de países asiáticos tornaram mais rigorosas as normas de qualidade do fuelóleo, do gasóleo e da gasolina para veículos automóveis, bem como dos combustíveis navais, o que conduziu a uma fragmentação crescente do mercado, com possibilidades limitadas de mistura. Por exemplo, todos os países da região adoptam diferentes níveis de enxofre nos combustíveis (10-50 ppm - partes por milhão - na Europa, 10 ppm na Austrália, 500 ppm na Indonésia, etc.), o que não faz dos combustíveis um produto normalizado. A dessulfuração conduziu a um aumento da diferença entre o petróleo bruto doce e o petróleo bruto ácido, o que constitui um fator importante na avaliação económica do comércio de diferentes tipos de petróleo. Além disso, será tecnicamente difícil escrever derivados sobre estes novos produtos de maior valor, uma vez que existem poucos dados históricos a que recorrer.

A tributação pode representar tanto uma ameaça como uma oportunidade para os distribuidores. Os governos incentivam a utilização de combustíveis limpos através de benefícios fiscais ou subsídios. Os comerciantes de petróleo podem tirar partido destes incentivos e estruturar as suas actividades em conformidade. Um desenvolvimento relacionado é o crescimento do comércio de carbono[3] na UE. Os produtores de energia mais eficientes receberão créditos que podem ser vendidos no mercado livre. As receitas provenientes dos benefícios fiscais e da venda de créditos de emissão podem ser utilizadas para compensar os custos de construção de novas instalações.

O desejo dos governos de assegurar relações de plena concorrência entre as filiais de empresas petrolíferas integradas conduziu à transformação de preços de transferência anteriormente mais ou menos arbitrários (ou seja, eficientes do ponto de vista fiscal) em preços mais abertos e baseados no mercado. Este facto conduziu a um aumento da liquidez nos mercados de produtos petrolíferos. Por outro lado, os receios de alterações no sistema fiscal, nas regras contabilísticas ou de novas intervenções regulamentares no mercado de valores mobiliários podem afetar a liquidez e os movimentos do petróleo.

---

[3] Ver WSJ, 13 de março de 2008, "Carbon King: Economist Strikes Gold in Climate-Change Fight", sobre o potencial do comércio de emissões.

Desde a Enron, as regras do FASB e do IASB em matéria de contabilização dos derivados foram reforçadas, sendo agora obrigatório reconhecer os ganhos e as perdas com os derivados. No entanto, a aplicação das diferentes regras contabilísticas continua a depender do objetivo para o qual o derivado é utilizado (cobertura, especulação ou locação financeira). A utilização indiscriminada de derivados, sem ter em conta o seu impacto volátil nas demonstrações financeiras trimestrais, é imprudente. Do mesmo modo, existe geralmente uma assimetria entre a tributação das receitas petrolíferas e a tributação dos ganhos ou perdas de cobertura (financeira) (Kaminski, 2005).

É muito difícil quantificar o risco associado a alterações na legislação, tributação e controlos ambientais em cada país. No entanto, a Statoil atribuiu valores ao risco país com base na estabilidade política, nos sistemas fiscais, na macroeconomia, etc. A empresa recebe as probabilidades de eventos predefinidos da Global Insight e insere-os no modelo. A empresa recebe as probabilidades de eventos predefinidos da Global Insight e insere-as no modelo. Para investimentos em regiões de médio e alto risco, a Statoil calcula o valor atual líquido das consequências dos riscos-país predefinidos.

Estes eventos de risco não podem ser evitados, pelo que uma gestão adequada dos riscos neste domínio implica estar atento às mudanças que se avizinham e reagir rapidamente às mesmas. Desta forma, a empresa pode minimizar as consequências negativas e beneficiar dos efeitos positivos.

4 Elementos-chave e desafios da implementação da EDS no comércio de energia

Se não nos tivéssemos debruçado sobre a multiplicidade de riscos no capítulo anterior, não nos teríamos apercebido de que temos de gerir muito mais do que os riscos de mercado e de preço. Gerir uma multiplicidade de riscos de forma coerente não é uma tarefa fácil, mas vale bem a pena o esforço, pois um sistema integrado de gestão de riscos será inestimável para a atividade energética. Idealmente, um programa de gestão integrada do risco permite a uma empresa identificar e resumir todos os riscos que enfrenta num dado momento, classificá-los por ordem de risco e abordá-los automática ou manualmente através de equipas ou esforços individuais. Para atingir este objetivo é necessário mais do que software sofisticado. Uma empresa precisa de ter um apoio de gestão adequado para o seu programa de gestão do risco, uma estrutura organizacional apropriada que lhe permita trabalhar em áreas funcionais e geográficas, processos e políticas apropriados, capacidades de monitorização e de elaboração de relatórios, etc. Neste capítulo, destacamos alguns dos componentes críticos para uma implementação eficaz da ERM no sector do comércio de energia. Ao examinarmos os componentes-chave, abordamos também os principais desafios.

4.1 Compreensão dos riscos e apoio da direção e do Conselho de Administração

Esta é talvez a componente mais importante de uma gestão de riscos eficaz. Torna-se ainda mais importante quando gerimos o risco de forma holística. A gestão deve não só compreender os factores de mercado, mas também identificar os riscos associados aos mesmos. Sem uma compreensão adequada, a gestão não consegue definir o tom e a direção, comunicar o programa de gestão do risco ao resto da empresa e tomar decisões adequadas sobre os tipos de estratégias de negociação e os riscos associados.

Curiosamente, a maioria das histórias de terror tem mais a ver com a falta de compreensão do risco e dos controlos por parte da administração (causa principal) do que com os próprios operadores. Numa entrevista ao WSJ (2008), John Thain, o novo CEO da Merrill, explicou que um dos principais problemas era a falta de compreensão da gestão do risco da carteira e a falta de controlo sobre o balanço. Do mesmo modo, pouco antes do colapso das apostas sobre o gás natural Amaranth, o diretor executivo declarou à imprensa que as apostas da Hunter eram concebidas para minimizar o risco e maximizar o lucro (WSJ, 2005).

A administração pode ajudar, tornando a gestão do risco uma parte formal das responsabilidades dos gestores de topo em todas as funções. No Merrill, o comité de risco reunia regularmente, mas o anterior CEO raramente participava e essas reuniões não tinham uma verdadeira agenda. John Thain adoptou a estrutura do comité de gestão do Goldman, com reuniões semanais em que participavam o CEO, o responsável pelo rendimento fixo e pelas acções, e os responsáveis por todas as funções de risco. Uma forte ênfase na gestão do risco ao mais alto nível garante que toda a organização está a trabalhar com clareza. No sector da energia, a Statoil tem uma estrutura deste tipo desde 1999, dirigida pelo CFO da Statoil e que inclui gestores de topo como o Diretor de Risco País e Responsabilidade Social, o Diretor de Refinação e Marketing e o Diretor de Comércio e Abastecimento de Petróleo. Para eles, um sistema ERM é simplesmente uma forma mais fácil de ganhar dinheiro e não de evitar perdas. Um programa eficaz de gestão do risco deve combinar as competências técnicas e a boa governação empresarial de que quase todas as empresas necessitam.

Para a gestão do risco a nível do Conselho de Administração, pode ser nomeado um Diretor responsável por este processo. Pode também ser criado um Comité de Risco para supervisionar todas as actividades de negociação e de gestão de riscos com a assistência do Diretor nomeado. Dado que o Comité de Risco responde diretamente perante o Diretor, pode desempenhar as suas funções independentemente de influências políticas.

4.2 Avaliação do risco de ponta a ponta (cadeia de abastecimento e processos de transação)

Antes de desenvolver e implementar um programa de gestão de riscos, a direção deve realizar uma avaliação de riscos abrangente para identificar todos os riscos de negociação de energia relevantes para a atividade. Como já foi explicado, existem muitos riscos associados ao comércio de energia e os que se aplicam dependerão da natureza da atividade comercial (companhia petrolífera integrada, fornecedor terceiro ou comerciante de Wall Street) e das estratégias comerciais que emprega.

Podem ser efectuadas análises de risco abrangentes em toda a cadeia de abastecimento de petróleo ou durante o processo de transação. A análise de toda a cadeia de abastecimento (ver Apêndice 1) fornece-nos mais "Marco's" ou factores fundamentais que normalmente só afectariam uma empresa a médio ou longo prazo. A análise no âmbito do ciclo da transação ajuda-nos a avaliar questões de mais curto prazo e potencialmente mais operacionais (ver diagrama do ciclo da transação abaixo).

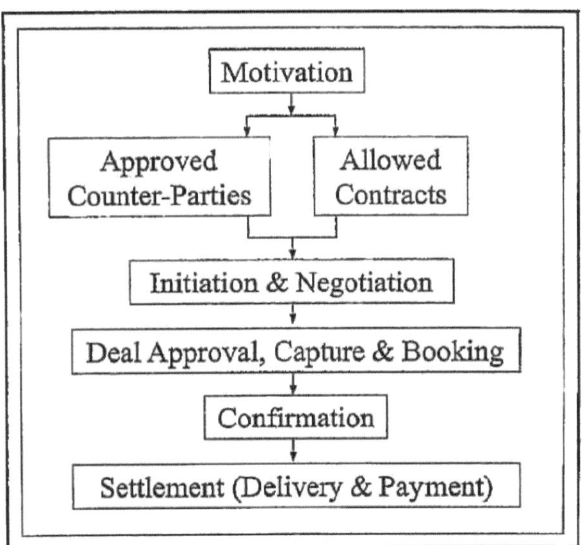

Figura 2 Processo de transação

Ao avaliar o risco, é importante reunir uma equipa multifuncional que analise a dinâmica do mercado, o comportamento dos preços, as questões operacionais, a fiscalidade e as preocupações ambientais.

O resultado final da avaliação não tem de ser um plano pormenorizado e preciso para medir e gerir esses riscos. Em vez disso, todos os riscos a que a empresa está exposta no sector da energia, repartidos por tipo de energia, local e quantidade, são claramente identificados a um nível elevado. É igualmente importante determinar quais os riscos que podem ser cobertos e quais os que não podem - tornam-se riscos residuais. Uma vez concluída a avaliação e analisada pela direção, podem ser implementadas políticas e procedimentos para lidar com esses riscos a nível operacional.

Se os riscos forem considerados numa perspetiva de resultados, isso abre naturalmente a possibilidade de os gerir através de uma abordagem de carteira. Numa perspetiva de carteira, estes eventos podem representar riscos e/ou oportunidades. É necessária alguma forma de gestão de carteira para agregar os riscos, ter em conta os efeitos de diversificação e controlar a concentração de riscos utilizando limites de risco. Além disso, os efeitos de diversificação da cobertura natural só podem ser plenamente tidos em conta se os riscos de uma organização forem tratados como uma carteira. Além disso, esta abordagem evita a sub-otimização, uma vez que é muito fácil acabar por fazer uma cobertura excessiva (e pagar demasiado) quando a exposição global ao risco é desconhecida. Na Statoil, que tem uma visão multifuncional do risco, o comité de risco corporativo toma decisões estratégicas de cobertura, enquanto cada divisão toma decisões tácticas de curto prazo em relação à sua própria área de negócio.

4.3 Princípios e procedimentos da gestão integrada dos riscos (PGRI)

Para implementar a gestão do risco numa empresa de média ou grande dimensão, são necessárias estratégias e procedimentos abrangentes de gestão do risco. Desenvolvidos corretamente, estes fornecem instruções e restrições de ação coerentes. Os PGR devem ser concebidos de forma a garantir a conformidade (em termos operacionais e políticos) e a sua implementação deve ser monitorizada.

(Wengler, 2002). O desenvolvimento de um PQGF já oferece vantagens adicionais. Obriga a uma avaliação das práticas actuais e requer a colaboração de pessoas-chave de diferentes departamentos. Uma política bem formulada melhora a implementação e permite operações rentáveis. Além disso, uma política clara permite uma comunicação coerente sobre a gestão do risco entre os diferentes níveis da empresa, desde o conselho de administração até aos primeiros gestores/funcionários.

O IRMP deve estar alinhado com as estratégias comerciais da empresa e refletir as condições comerciais actuais, bem como as melhorias esperadas num futuro próximo. Isto exige que os membros da direção e do conselho de administração definam objectivos claros na política de gestão do risco. Os objectivos típicos incluem a definição da orientação geral do negócio em termos de identificação, medição, monitorização e controlo dos riscos associados às actividades de negociação e aos tipos de derivados utilizados. Os objectivos da gestão de risco podem variar de empresa para empresa e de função para função dentro da empresa. Para uma empresa petrolífera integrada, o objetivo pode ser transferir os riscos de fluxo de caixa a curto prazo associados às flutuações do preço do petróleo/moeda a curto prazo para actividades a mais longo prazo, uma vez que a empresa faz investimentos de capital significativos. Estes investimentos exigem empréstimos a longo prazo, que têm um custo baixo e oferecem um rendimento mais elevado do que o capital próprio. Neste contexto, a cobertura dos contratos pendentes não é vista como uma estimativa negativa dos preços a curto prazo, mas como uma estabilização dos fluxos de caixa destinada a reduzir o custo médio ponderado do capital (WACC) para os investimentos a longo prazo. Em casos mais gerais, os objectivos da gestão do risco devem ser diferentes dos objectivos dos especuladores, dos hedgers e das estratégias de tesouraria. As políticas e os procedimentos devem também incluir orientações sobre a escolha do instrumento de cobertura adequado (de balcão ou a prazo) para uma determinada transação. Se não estiver disponível um instrumento de cobertura direta, devem ser fornecidas orientações para a seleção do instrumento de cobertura indireta mais próximo em termos de liquidez e com uma correlação razoavelmente próxima.

4.4 Organização (front/middle/back office)

Os riscos podem ser controlados por um comité de riscos, mas as operações devem ser geridas de forma a garantir uma gestão de riscos independente e eficaz. Utilizando o exemplo dos bancos, o grupo comercial pode ser dividido em front office, middle office e back office. Os processos de gestão do risco podem ser divididos entre os três "gabinetes", de modo a que cada um tenha as suas próprias tarefas e responsabilidades. O "front office" é mais orientado para a atividade comercial, enquanto o "back office" desempenha o papel de contabilista. Mesmo no âmbito do front office, numa empresa comercial em que tanto o comércio financeiro como o comércio físico estão activos, estas tarefas podem ser divididas entre os comerciantes físicos e os comerciantes de cobertura. O "middle office" pode assumir um grande número de actividades de medição do risco e de elaboração de relatórios (ver ilustração abaixo). Esta estrutura pode proporcionar um certo grau de controlo em termos de segregação de funções, criando uma barreira entre a mesa de negociação e as actividades operacionais.

Função	Painel frontal	Recursos	Voltar a
Rotulagem antes da comercialização	X		X
Relatórios de risco	X	X	
Valor em risco (VaR)		X	
Celebração do acordo	X		X
Definição e controlo dos limites de risco	X	X	

Figura 3: Front/Middle/Back-Office (Wengler, 2002)

4.5 Definição do valor-limite

Se compreendermos o risco, como fizemos no Capítulo 3, podemos medi-lo. Com a capacidade de medir o risco, podemos estabelecer limites. E ao estabelecer limites, podemos gerir o risco. De certa forma, os limites de risco formulam os objectivos da negociação e da gestão de risco. Uma empresa que segue uma estratégia especulativa para obter grandes lucros terá de estabelecer limites muito mais elevados do que uma grande empresa petrolífera mais conservadora, cuja estratégia é utilizar os seus activos de forma segura.

Em geral, os valores-limite podem ser definidos da seguinte forma:

1. Decidir quais as restrições a incluir
2. Determinação da granularidade e dos métodos
3. Restrições quantitativas
4. Monitorização e atualização dos valores-limite
5. Versão

Ao decidir estabelecer limites, a avaliação global do risco acima referida é muito importante. Dependendo do perfil da sociedade comercial, devem ser estabelecidos limites para o volume de transacções, o tipo de contrapartes, o tipo de produtos petrolíferos comprados/vendidos, os países em que opera, o tipo de derivados, o limite de crédito, o limite de liquidez e a dimensão das posições de mercado. A cada um destes riscos devem ser aplicados métodos de medição apropriados e um nível de pormenor adequado. Os limites são quantificados e aprovados pela Direção. Por exemplo, cada libra (petróleo bruto, gasóleo, gás) pode ter limites VAR baseados no nível de lucro que gera. Para os riscos que não podem ser quantificados, os limites devem ser definidos na política. O acompanhamento deve ser contínuo (ver secção seguinte) e os limites devem ser actualizados a intervalos regulares para ter em conta o ambiente comercial atual (preços, normas ambientais) ou para eliminar limites demasiado estreitos ou comportamentos comerciais agressivos. Por último, os limites devem ser aplicados de forma coerente, de preferência automaticamente através de sistemas de negociação, embora estes também não sejam infalíveis, como demonstrou o recente caso SocGen, em que um operador manipulou os controlos de negociação para fazer grandes apostas acima do limite.

4.6   *Controlo dos riscos*

A necessidade de monitorizar ativamente os vários riscos, não só durante a fase de transação mas também durante o processo de implementação, é crucial para o sucesso de qualquer programa de gestão de riscos. A gestão de riscos não se resume ao estabelecimento de regras e procedimentos sem a capacidade de monitorizar e fazer cumprir o comportamento correto. O controlo dos riscos permite que uma empresa garanta o cumprimento das regras e dos procedimentos e evite perdas comerciais.

Os riscos devem ser monitorizados de baixo para cima: As transacções individuais devem ser avaliadas quanto ao risco e incorporadas no rácio de risco global da carteira. Idealmente, cada nova transação deve ser avaliada em função de uma série de riscos diferentes. A Gaselys adopta uma abordagem integrada para a análise e gestão das transacções que envolvem activos simples, exóticos e activos (Kaminski, 2005). Todas as transacções passam por um processo de fluxo de trabalho para as novas transacções, durante o qual são avaliadas em função de uma "galáxia de riscos" (fundamentais, operacionais, de preços, regulamentares, de modelização, etc.). O objetivo principal é identificar claramente os riscos presentes numa transação e garantir que nenhum risco é ignorado ou esquecido pelos diferentes grupos (operacionais, traders, planificadores) - nomeadamente na fase de transferência -, fornecendo assim a estes grupos dados pormenorizados para gerir os riscos que lhes são atribuídos. Uma vez avaliada uma operação, as informações de risco pertinentes podem ser introduzidas (ou etiquetadas) numa base de dados e acompanhadas numa base contínua, à medida que a operação se aproxima do seu encerramento; esta etiquetagem ajuda a controlar, auditar e monitorizar os concessionários numa base contínua. Para uma melhor utilização dos recursos, a monitorização do risco pode ser efectuada com a frequência e o rigor correspondentes ao nível de risco (risco elevado - mais frequente). O acompanhamento contínuo é necessário porque, se um risco evoluir, por exemplo, um atraso de um navio, variações meteorológicas ou uma alteração do volume, isso pode ter um impacto nas coberturas efectuadas para atenuar o risco. Através da monitorização ativa, podemos também oferecer uma cobertura dinâmica. Por exemplo, se o VaR de uma carteira aumentar para um nível inaceitável, podem ser tomadas medidas para reduzir o risco; a cobertura resultante é independente da origem do risco.

4.7 *Sistema de comunicação e de informação*

A definição de limites e a monitorização dos riscos é uma medida positiva em si mesma, mas é totalmente inútil se não for comunicada às pessoas certas que podem monitorizar e reforçar a gestão dos riscos. Se os canais de comunicação e reporte não estiverem definidos, a empresa corre o risco de ter uma gestão e um comércio de riscos fragmentados e mal geridos. Garantir que a direção da empresa está suficientemente informada sobre a gestão dos riscos continua a ser considerada a tarefa mais difícil para os gestores de riscos (Energy Risk 2006). O desafio consiste em determinar a frequência, a quantidade e a qualidade dos relatórios que devem ser efectuados para garantir que a gestão está bem informada e pode tomar decisões.

É necessário desenvolver um sistema de comunicação e de informação que permita que as informações provenientes das salas de negociação circulem entre os vários organismos. Para um gestor de alto nível, uma única transação que passa do front office para o back office pode parecer um carro a ser lançado a 20.000 pés de altitude num avião. Por conseguinte, a comunicação deve ser concisa e adaptada às diferentes funções e níveis dos gestores; deve ser mais ou menos pormenorizada, mas oferecer uma visão completa dos riscos. O gestor de operações necessita principalmente de estatísticas e alertas operacionais pormenorizados (fiabilidade dos navios, taxas de ocupação dos cais), mas também de informações resumidas sobre o VAR e o risco de crédito, a fim de fornecer um contexto comercial para as questões operacionais. Um gestor comercial necessita de uma análise detalhada do VAR, relatórios de crédito, curvas a prazo, fundamentos do mercado, etc., bem como de informações operacionais sobre a disponibilidade dos navios e as existências nacionais. Um painel de controlo que contenha métricas e relatórios de risco é, por conseguinte, suscetível de ser percebido de forma diferente por diferentes funções e níveis de gestão. Além disso, se for implementada uma gestão integrada do risco, os funcionários sentir-se-ão relutantes em alterar as suas práticas comerciais e de apresentação de relatórios. Se a informação sobre os riscos for tornada transparente para todas as funções, o resultado é uma maior responsabilização e uma perda de autonomia para os chefes de departamento (Energy Risk, 2006). Para tirar o máximo partido dos relatórios, os gestores têm de estar conscientes dos riscos e das estimativas de lucros e perdas e desafiá-los constantemente; é necessária uma dose saudável de ceticismo.

Seguem-se alguns relatórios relacionados com o comércio que o ajudam a monitorizar os riscos e o desempenho:

- Relatórios de vagas
- Operações importantes com um rácio de entrega a curto prazo
- Riscos de mercado diários actuais em dólares do Front Office
- Resultados actuais da avaliação do valor em risco num escritório de média dimensão
- Declarações de rendimentos de front e back office: diárias, mensais, acumuladas
- Relatórios sobre a eficácia das operações de cobertura (análise da correlação entre os derivados utilizados para a cobertura e o risco energético coberto)

- Relatórios semanais/mensais sobre os actuais factores de mercado/indicadores fundamentais elaborados por comerciantes e analistas

Para garantir a separação de funções, são enviados relatórios diários sobre os riscos de negociação, os lucros e as perdas aos gestores que supervisionam mas não realizam actividades de negociação. Um resumo semanal do VaR, dos lucros e perdas, dos fundamentos do mercado e dos factores de influência pode ser preparado para ser utilizado pelos comités de gestão do risco. Na Statoil, o departamento de Gestão de Risco Corporativo apresenta mensalmente ao Comité de Risco Corporativo um quadro agregado do risco de negócio e do risco de crédito. Trimestralmente, este quadro é complementado por uma análise abrangente dos riscos estratégicos de mercado, operacionais e seguráveis. Outros riscos podem incluir o risco país (o risco associado, por exemplo, à atividade comercial num determinado país) e o risco fiscal (o risco associado ao regime fiscal de um determinado país).

4.8 Formação e qualificações do pessoal

A aplicação das medidas e técnicas de gestão do risco descritas neste estudo é ainda relativamente recente em muitas empresas do sector da energia, nomeadamente na Ásia. O conceito de gestão de risco precisa de ser alargado a toda a organização antes que os seus benefícios possam ser plenamente realizados. Se a compreensão da VAR for questionável, as acções resultantes podem revelar-se desastrosas para a empresa. A extensão da formação e das competências exigidas por uma empresa de trading depende dos seus objectivos de trading e de gestão do risco. No caso de uma estratégia de arbitragem, por exemplo, é necessário conhecer os factores de mercado para determinar durante quanto tempo é possível fazer uma arbitragem. De um modo mais geral, o front office precisa de compreender as especificidades da negociação quotidiana: questões de avaliação e de cobertura. Os operadores e os analistas devem, em primeiro lugar, receber formação sobre as estratégias de negociação utilizadas e fornecer aos quadros intermédios informações sobre os factores de mercado, as avaliações e os indicadores de risco. Os jovens operadores poderiam começar por negociar activos físicos, enquanto os operadores mais experientes poderiam supervisionar os jovens operadores e assumir a função adicional de cobertura das transacções físicas. Além disso, o "middle office" deve efetuar análises VAR e ser capaz de monitorizar os limites de risco e aplicar orientações, se necessário. O back office deve oferecer serviços de contratação e proteger os fluxos de caixa, fornecendo garantias bancárias às contrapartes. O back office precisa de saber como os riscos dos diferentes modos de transporte, navios e portos são utilizados e que esses modos de transporte e portos precisam de ser controlados. Por último, os gestores devem ter uma compreensão global de todos os aspectos da atividade e possuir conhecimentos e competências aprofundados nas suas próprias funções (Pilipovic, 2007).

4.9　Um sistema de informação complexo

As TI tornam possível a gestão do risco. A existência de um sistema de informação sofisticado é a base de um programa eficaz de negociação e gestão de riscos. Dada a complexidade do sector da energia, o desenvolvimento de sistemas de gestão de riscos para o comércio de energia constitui um grande desafio técnico. Dependendo da dimensão e do âmbito das actividades de uma empresa, medir os vários riscos num sistema integrado pode ser um desafio. No entanto, a implementação de tecnologias sofisticadas deve ser proporcional à atividade de risco da empresa (S&P 2006). Se uma empresa assume riscos complexos, a S&P espera que disponha de tecnologias mais complexas do que uma empresa com um modelo de negócio mais simples. Do mesmo modo, as estratégias, políticas e processos de gestão do risco de uma empresa fornecem as especificações para a conceção do sistema de informação.

Para uma gestão global do risco, o sistema global de negociação e de gestão do risco deve incluir um sistema de registo das transacções, um sistema de gestão contabilística e um sistema de gestão do risco, e ser integrado com os sistemas internos, tais como a programação, as operações, a faturação e a contabilidade, e receber dados dos mercados externos, tais como a oferta e a procura e os preços. O sistema deve também permitir a fixação e o controlo de limites e a transmissão e comunicação de informações sobre os riscos. Por exemplo, poderiam ser integrados no sistema sistemas de controlo automáticos e inteligentes para alertar os operadores e gestores em causa se algum dos limites (VaR, crédito, liquidez) for ultrapassado ou se aproximar de um limite. Numa fase mais avançada, podem ser utilizados modelos heurísticos para prever alterações no perfil de risco. Para apoiar os relatórios de gestão, o software de visualização é uma forma extremamente eficaz de explicar dados complexos.

Atualmente, existem muitos fornecedores diferentes no mercado, mas nenhuma solução única pode satisfazer plenamente as necessidades; pode ser necessária uma solução desenvolvida internamente. Mesmo que um sistema de informação possa ser comprado, construído ou ambos, é provável que os custos sejam elevados, especialmente se for necessário integrar diferentes sistemas e considerar os riscos. A Statoil gastou dois anos e cerca de 1 milhão de dólares no desenvolvimento completo do sistema. As empresas devem também implementar o sistema gradualmente, acrescentando funcionalidades à medida que avançam e apenas quando as condições organizacionais forem adequadas: Os trabalhadores estão familiarizados com a ferramenta e a direção compreende e vê os benefícios.

5 Conclusão

A abordagem adoptada aqui para o estudo da gestão do risco difere marcadamente da literatura existente. A ênfase não é colocada no estudo do risco de mercado e da matemática utilizada para o medir. Deste ponto de vista, não são formuladas novas teorias ou hipóteses. Em vez disso, procura-se chamar a atenção para os diferentes riscos empresariais associados à energia. Para cada risco de negócio, são apresentados instrumentos de medição do risco e propostas abordagens de gestão do risco. Ao olhar para além do risco de mercado e de preço, o estudo tenta dar aos operadores uma visão equilibrada do risco. Para gerir os diferentes riscos, este estudo propõe um modelo ERM para o comércio de energia, analisando as suas principais componentes. Este ponto de vista é cada vez mais partilhado por vários autores sobre a gestão do risco (Burger et al., 2007). Da mesma forma, Blanco (2006) sugeriu que a base do processo de gestão de risco deve ser deslocada dos modelos de risco para os gestores de risco. Ao centrarmo-nos na gestão do risco, obtemos uma compreensão mais ampla dos riscos que afectam o comércio de energia.

No entanto, este estudo não pretende analisar exaustivamente todos os riscos empresariais e não prescreve uma abordagem de implementação de modelos; a dimensão do trabalho não permite um tratamento exaustivo deste tópico. Além disso, nesta fase, é mais valioso para o sector da gestão dos riscos energéticos defender uma abordagem integrada da gestão dos riscos. Além disso, existe uma diferença infinita entre as palavras e as letras e a ação real. O que é descrito neste estudo pode ser uma boa abordagem à gestão integrada dos riscos, mas isso não significa que tudo o que nele é proposto possa ser implementado em todas as organizações. É necessário analisar mais de perto cada organização para compreender os seus desafios e pontos fortes.

Uma vez que se trata de um domínio relativamente novo da gestão dos riscos energéticos, existem muitas oportunidades de investigação futura. Para os cientistas, as interações entre os diferentes riscos poderiam ser estudadas e modelizadas. Se tal for possível, será um contributo importante para o comércio de energia e o desenvolvimento sustentável. Para os profissionais, a investigação futura poderia centrar-se na medição dos riscos não comerciais, incluindo o risco operacional, e no desenvolvimento de uma abordagem para aplicar o modelo a diferentes tipos de empresas comerciais. Além disso, os profissionais de sistemas podem explorar formas de integrar diferentes modelos e análises de medição de riscos e desenvolver fluxos de informação (ou relatórios) que permitam aos gestores ocupados gerir eficazmente os diferentes riscos.

Em geral, a gestão do risco não dá uma resposta clara à questão de qual a estratégia a escolher ou qual o investimento a comprar, mas ajuda no processo de tomada de decisão. Uma abordagem holística da gestão do risco energético apenas reforça este processo de tomada de decisão.

6 Referências

Aabo, T., Fraser, J., Simkims, B. 2005 *"Risk and the evolution of the chief risk officer"* Journal of Applied Corporate Finance, vol. 17 (3) pp. 18-31. 17 (3), pp. 18 - 31.

Blanco, C. 2003, *"Liquidités financières adéquates"*, The Risk Desk, Vol IV, No.6, 2003. (www.scudderpublishing.com)

Blanco, C. 2006. *"A rude awakening for risk management professionals"*, Commodities Now. dezembro de 2006.

Blanco, C. e R. Mark, 2004: "*EWRM for energy trading companies: EWRM starts with risk competence*". Commodities Now, setembro, p. 78-82".
British Petroleum, 2007. Statistical Overview of World Energy, 2007. www.bp.com

Burger, M., Graeber, B., e Schindbylair, G., 2007. Energy risk management: an integrated approach to electricity and other energy markets. Wiley and Sons.

COSO, 2004, *"Enterprise Risk Management Framework"*. Committee of Sponsoring Organisations of the Treadway Commission, 2004. www.erm.coso.org

Craig, S. e Smith, R., 2008, *"Merrill's risk manager"*. Wall Street Journal, 18 de janeiro de 2008. página C1.

Cummings, K. e Hirtle, B., 2001 *"Risk Management Issues in Diversified Financial Firms"* FRBNY Economic Policy Review, março de 2001.

Dalgre, R., Liu K.K., e Lowarry, J., 2003. *"Risk Assessment in Energy Trading"*, *IEEE Transactions on Power Systems*, Vol 18, No. 2, maio de 2003.

Davis. A., Sender, H., e Zuckerman, G., 2006: "*What went wrong at Amaranth; Hedge Fund mistakes include key trader errors: Confusing paper profits with cash profits*". The Wall Street Journal. 20 de setembro de 2006.

Energy Risk Journal, 2006. *"Gestão de riscos para avaliadores"*. Energy Risk Journal, outubro de 2006.

Riscos energéticos, LLM, 2006. Gestão dos riscos energéticos, setembro de 2006.

Fusaro, P.K., 2006, *"Energy trading and risk management 2.0"*, Commodities Now, dezembro de 2006.

Fusaro, P.K. e James, T., 2005, Energy Hedging in Asia: Market Structure and Trading Opportunities. Publicado pela primeira vez pela Palgrave Macmillan em 2005.

Kaminski, W. 2004, Energy Price Risk Management: New Challenges and Solutions Third Edition. Barclays

Labis, V. S., 1999. Modelling mineral and energy markets. Kluwer Academic Publishers.

Macdonald, A. e Abboud, L. 2008. *"A segurança de alta tecnologia dos bancos não pode competir com a dos comerciantes"*. Wall Street Journal, 30 de janeiro de 2008. página A14.

Pilipovich, D., 1999, VaR Vacuum, Energy +Power Risk Management, novembro de 1999 :

Pilipovich, P., 2007, Energy Risk. Valuation and Management of Energy Derivatives. Segunda edição. McGraw-Hill, 2007.

Schneider, R. e Mikkolis, 1998. *"La gestion des risques dans les entreprises"*, Stratégie et direction. março/abril de 1998, Vol. 26 (2), p 10 - 15.

Slivotsky, A. e Drzik, J., 2005, *"Confronting the biggest risk of all"*, Harvard Business Review, abril de 2005, p. 78 - 88.

Standard & Poor's 2006, Commentary Report: Using the PIM Approach to Assess Risk Management of U.S. Energy Companies.

Swiss Re, 1999.st *"Transferência alternativa do risco (ART) para as empresas: moda ou gestão do risco no século XXI"*. Sigma n.º 2/1999

Wengler, J., 2001, Energy Risk Management: A Non-Technical Guide to Markets and Trading, Tulsa, OK : Pennwell Corp.

7 Apêndice .

7.1 *Apêndice 1: Cadeia de abastecimento de petróleo*

A ilustração da página seguinte mostra as principais fases da cadeia de abastecimento global de petróleo. A cadeia de abastecimento de petróleo é verdadeiramente global. A maior parte das reservas e da produção de petróleo estão localizadas longe dos principais países consumidores e encontram-se geralmente em locais como o Médio Oriente, a África Ocidental, zonas remotas da Rússia, etc. Mesmo antes de o petróleo ser extraído dos campos ou das plataformas de perfuração, já está a ser comercializado. O petróleo é ativamente negociado em Nova Iorque (NYMEX), Londres (IPE) e, em menor escala, em Singapura. Uma vez extraído das entranhas da terra, o petróleo tem de ser transportado em navios como os VLCC (Very Large Crude Carriers) para as refinarias, geralmente situadas perto dos países consumidores. O transporte de petróleo envolve riscos políticos e operacionais e, consoante o local de origem e de destino, uma viagem pode durar entre 30 e 75 dias. Ao mesmo tempo, os contratos relativos ao petróleo já estão em vigor e as posições podem ser cobertas. Nas refinarias, o petróleo bruto é refinado em diferentes produtos petrolíferos, como o gás de petróleo liquefeito, a nafta (matéria-prima para as fábricas de produtos químicos ou para as misturas de gasolina), a gasolina, a parafina, o gasóleo e o fuelóleo (combustível para as centrais eléctricas ou para os grandes navios), cada um dos quais tem um preço de mercado diferente. O valor do petróleo depende do valor dos produtos que dele podem ser extraídos, uma vez que as quantidades de produtos petrolíferos obtidos a partir de diferentes tipos de petróleo são diferentes. A quantidade exacta de produto só é conhecida quando o processo de refinação está concluído. As falhas de produção, como a falta de tanques de armazenamento ou a deterioração do catalisador, podem atrasar a produção ou fazer com que esta se desvie das quantidades planeadas. Enquanto a matéria-prima ainda está a ser refinada, os produtos refinados acabados já estão a ser ativamente comercializados e programados para entrega por oleoduto e navio. A gasolina e o gasóleo são entregues nas estações de serviço por camiões-cisterna a partir de vários terminais.

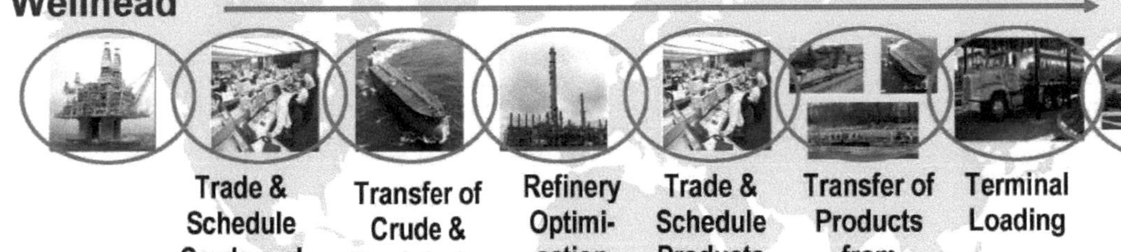

Wellhead
Pump
Trade &
Schedule
Crude and
Other
Feedstocks
Transfer of
Crude &
Feedstocks
to Refinery
Refinery
Optimi-
sation
Trade &
Schedule
Products
Transfer of
Products
from
Refinery
to
Terminal
Terminal
Loading

Alguns métodos, estratégias e infra-estruturas recomendados para apoiar a gestão dos riscos.

Quadro H

Metodologia Prática de risco	
	Bom mercadoBom mercado
As métricas utilizadas para quantificar o risco e gerir os limites não estão corretamente definidas Os riscos não estão corretamente definidos	
Existe uma compreensão do impacto dos indicadores na tomada de decisões A empresa regista prejuízos (lucros) **superiores aos** previstos ou totalmente	surpreendentes
exposição geralmente subestimam ou sobrestimam	Modelos de análise independentesAs análises de risco utilizadas para calcular a o risco de perda. sobrestimar **a dimensão do** risco em causa
As ferramentas de medição têm em conta todos os aspectos **únicos** do risco Modelo menos sofisticado para medir os riscos de crédito, de mercado e operacionais no comércio de energia	
Para medir o VaR, o modelo tem em conta **o facto de** não utilizar testes de esforço de volatilidade, que não são estáticos mas sim contínuos.	
a análise do risco de liquidez utilizando modelos VaR dinâmicos **não** é verificada ou reverificada de forma independente	
Os instrumentos de medição reconhecem **que as correlações não são** estáticas Os **factores de risco não** são avaliados periodicamente	
Instrumentos de medição da base, das lacunas e das diferenças	
Um programa de testes de esforço bem concebido	
Os testes de esforço reflectem a ideia de que a volatilidade pode duplicar e as correlações podem entrar em colapso	
Os factores de risco são avaliados regularmente	
A avaliação do risco de crédito inclui a **probabilidade de incumprimento** e a taxa de recuperação	
O risco operacional é medido por	
Utilização de uma rendibilidade do capital ajustada ao risco, aplicada num ambiente integrado **totalmente** complexo	
Os relatórios apoiam o **cumprimento da** política de risco	
Os relatórios monitorizam eficazmente as actividades empresariais **e** divulgam atempadamente informações sobre os riscos	

Quadro 5 Metodologia Práticas de risco

Política	
Baixo custo	*Desfavorável*
Obrigação da empresa de gerir os riscos	A função de risco não é independente da atividade que está a tentar controlar
Política de gestão de riscos claramente definida e comunicada	A direção **não** compreende a natureza e a extensão dos riscos **da empresa**
Comunicação com o **Conselho de Administração sobre** posições e programas em risco	A tolerância ao risco da direção não é clara ou não está suficientemente definida
Função independente de gestão do risco	A responsabilidade pelo risco não está definida
Alinhamento da estratégia empresarial e dos riscos	Podem ser introduzidos novos produtos **sem** autorização ou verificação **por parte** dos controlos de risco.
Envolvimento da direção **no** processo de gestão do risco	Aparecem novos riscos nas contas **sem que** a direção da empresa seja previamente informada
Limites de risco que reflectem a tolerância ao risco e o capital investido	A política de gestão dos riscos é vaga, incompleta ou, em geral, mal interpretada e mal utilizada.

Remuneração baseada na realização dos objectivos de gestão do risco	Em geral, o pessoal não está consciente do processo de gestão dos riscos e não existe formação interna sobre os riscos.
Capacidade de fornecer informações que tornem o risco transparente	Os relatórios de risco não podem ser fornecidos atempadamente ou são sistematicamente incorrectos
Capacidade de comunicar os principais factores de risco financeiros e não financeiros	As fontes de lucros e perdas não podem ser identificadas e controladas.
	as posições e transacções não podem ser conciliadas com as contas oficiais da empresa
	Os limites de risco não estão documentados e não têm qualquer pista de auditoria
	A contrapartida jurídica exacta não pode ser verificada
	A garantia da transação não pode ser verificada: a avaliação atual da garantia é insuficiente
	A empresa detém uma quota de mercado excessivamente elevada em actividades sensíveis ao risco num determinado sector.
	Concentração excessiva do risco em activos ilíquidos e contratos a longo prazo

Quadro 6 Políticas

1 Práticas de risco de infra-estruturas

Baixo custo	Desfavorável
Pessoal qualificado para a gestão do risco	
	Os gestores de riscos não estão ativamente envolvidos no processo de gestão de riscos e são facilmente intimidados pelos gestores.
Formação e orçamento adequados para o pessoal de gestão de riscos.	É comum não reagir a uma decisão de risco crítica
Remuneração baseada na realização dos objectivos de gestão do risco	Os líderes empresariais recorrem regularmente de decisões de risco negativas
Infra-estruturas adequadas para apoiar a gestão dos riscos	os modelos e as análises são utilizados às cegas, sem que se compreendam plenamente os pressupostos subjacentes
Os dados são verificados e actualizados em tempo útil.	A estrutura de limites de risco não controla os riscos que é suposto controlar
Controlo adequado da utilização dos dados	Política de risco não aplicada de forma coerente
	Os transportadores de riscos não são obrigados a introduzir os seus riscos nos sistemas aprovados.
Tecnologias em conformidade com a tolerância ao risco e a estratégia empresarial	Os riscos fora do sistema podem crescer indefinidamente
Um armazém de dados de risco integrado para decisões de risco melhores e mais rápidas	São utilizadas várias fontes de dados para calcular as informações sobre riscos, finanças e controlo de uma única empresa
	Fragmentação das infra-estruturas de risco

Quadro 7 Infra-estruturas

7.3 Apêndice 3: Orientações para a gestão dos riscos

Segue-se uma lista de questões a colocar quando se começa a desenvolver estratégias e processos de gestão do risco para o comércio de energia (Wengler, 2002)

1. Quem é a sua organização? É um consumidor, produtor ou distribuidor?
2. Em relação a que produtos é que a organização corre um risco de preço?

   - Produtos
   - Riscos associados a preços fixos ou variáveis

3. Qual é o objetivo da sua organização - proteção ou comércio? O que está a tentar fazer com ambos?

   - Cenário de redução do risco de catástrofes
   - Proteção a nível orçamental
   - Controlo dos riscos gerais de preços
   - Negociar com risco como especulador
   - Vão permitir que os comerciantes especulem ou simplesmente se protejam?

4. Que quantidade de energia pretende cobrir ou que volume pretende transacionar?
5. Quanto é que quer ou precisa de cobrir como sebe?
6. Que tipos de derivados devem ser utilizados?

   - Futuro
   - Opções
   - FORA DA BOLSA? Na bolsa de valores?
   - Os operadores só podem comprar opções ou também podem vender opções? (Esta situação pode dar origem a riscos abertos para as empresas se não fizerem parte de uma estrutura mais alargada. Em alguns casos, a subscrição de opções foi também utilizada para gerar fluxos de tesouraria para cobrir perdas noutras partes da carteira).
   - troca

7. Com quanto tempo de antecedência pode uma empresa utilizar estes derivados?
8. Que mercados de futuros devo utilizar?

FSC
www.fsc.org
MIX
Papier aus verantwortungsvollen Quellen
Paper from responsible sources
FSC® C105338